人工智能算法及其在土壤重金属残留物检测中的运用研究

张聪　刘宇　著

中国水利水电出版社
www.waterpub.com.cn
·北京·

内 容 提 要

本书是人工智能技术在土壤重金属残留物检测方面的专业研究书籍。通过此书，读者能够了解和掌握人工智能技术的基础知识，并能了解人工智能技术在土壤重金属残留物检测中的算法和应用。本书概念讲解清晰、系统性强，是作者多年来从事土壤重金属残留物检测工作并指导研究生开展研究的经验总结，具有较强的实用性，可供高等院校相关专业的高年级本科生、研究生和工程技术人员阅读。

图书在版编目（ＣＩＰ）数据

人工智能算法及其在土壤重金属残留物检测中的运用研究 / 张聪，刘宇著. -- 北京 : 中国水利水电出版社，2021.2（2021.9重印）
ISBN 978-7-5170-9437-1

Ⅰ. ①人… Ⅱ. ①张… ②刘… Ⅲ. ①人工智能－算法－应用－土壤污染－重金属污染－检测 Ⅳ. ①X53-39

中国版本图书馆CIP数据核字(2021)第031977号

策划编辑：杜 威　责任编辑：张玉玲　加工编辑：赵佳琦　封面设计：梁 燕

书　　名	人工智能算法及其在土壤重金属残留物检测中的运用研究 RENGONG ZHINENG SUANFA JI QI ZAI TURANG ZHONGJINSHU CANLIUWU JIANCE ZHONG DE YUNYONG YANJIU
作　　者	张聪　刘宇　著
出版发行	中国水利水电出版社 （北京市海淀区玉渊潭南路1号D座　100038） 网址：www.waterpub.com.cn E-mail：mchannel@263.net（万水） 　　　　sales@waterpub.com.cn 电话：(010) 68367658（营销中心）、82562819（万水）
经　　售	全国各地新华书店和相关出版物销售网点
排　　版	北京万水电子信息有限公司
印　　刷	三河市华晨印务有限公司
规　　格	170mm×240mm　16开本　16.25印张　249千字
版　　次	2021年2月第1版　2021年9月第2次印刷
定　　价	85.00元

前　言

随着我国工业的发展，土壤重金属污染情况日趋严峻。相关统计年鉴显示，我国自20世纪80年代开始被重金属污染的农业耕地面积呈现逐年增加的趋势，重金属能够改变土壤的功能，阻碍了农作物的生长甚至使农作物绝产，农田生态系统中的重金属残留物已经严重影响到农业作物的产量和质量。我国每年因重金属污染而减少的粮食产量在1000万吨，被重金属污染的粮食达到1200万吨，其中以Cu、Hg、Cd、Pb、Zn及其复合污染最为突出，这些重金属通过食物链可以最终进入人体，而且附积在人体的重金属往往很难通过代谢排出，随着时间的推移，身体内附积的各类重金属势必对个人身体健康造成严重的影响。

鉴于当前农田土壤重金属污染的严峻形势，对土壤重金属残留物进行定量或定性的研究分析具有非常重要的意义。目前土壤重金属空间积累特征和风险评价方法主要集中在运用相关统计学知识对重金属污染物情况进行反映，从而结合相关知识文献的先验知识对重金属污染情况进行定性评价，这些知识包括当前主流的统计学指标中的富集因子指数、内梅罗综合污染指数和潜在生态危害系数等。但是，目前土壤重金属采样大多以人工现场采样的方式进行，其采样点的分布特征存在不均衡性和稀疏性，而土壤重金属残留物的富集和演化过程往往具有一定的区域性，这些很可能会导致统计区域内统计特征的失效。从成本角度考虑，土壤重金属从人工采样到实验室分析是一项耗时费钱的工作。因此，如何基于较少采样点较为准确地预估整个区域内的重金属含量是一个挑战。

随着人工智能技术的发展，利用人工智能技术进行农田重金属污染的评价成为研究热点。人工智能算法是基于统计学等相关学科的算法，其种类繁多，近年来尤以机器学习和深度学习相关算法最为显眼。机器学习算法是一门涉及概率论、统计学、凸分析和逼近论等多学科的算法体系，通过模拟和实现人类的学习行为以获取新的知识或技能。随着算力资源的发展，深度学习算法得到了前所未有的发展，其中以机器视觉领域最为显著。机器视觉相关算法主要基于视觉媒体（如图片），通过模拟人类的分类和识别等行为来赋予机器视觉相关算法模型特定技能。同时，在整个人工智能算法体系中启发式算法、强化学习算法、集成学习算法、知识图谱和自动机器学习技术也是极其重要的组成部分，启发式算法作为全局寻优算法，在参数优化、最优化理论等领域具有广泛的运用，而强化学习是模拟人在和环境交互时逐渐学习最优技能的模式，实现智能体从零开始进行自我进化。

土壤重金属残留物的定量和定性分析中引入人工智能算法具有可行性和有效性。土壤重金属残留物的定量和定性分析基于原始采样点数据，而目前主流的采样点往往基于人工定点，这就意味着采样点的位置受到多方面的影响，如地形和城市功能区等因素的影响。借用人工智能算法在某些方面的特性能够很好地平衡采样点的稀疏性和不均衡性，如通过深度学习网络对采样数据进行分析，通过不断地输入样本点数据，利用深度网络自动提取特征因素能够对样本点的潜在特性进行智能化表征，根据表征结果可以进一步对待测样本区域进行预测。同时人工智能的启发式算法和强化学习算法针对目前的地理统计学相关算法可以进行超参数的优化和最优解的求解，如在土壤重金属残留物分析中运用克里金差值方法中变异函数的选择方面，可以通过采用启发式算法和强化学习算法相结合的方法来获取更精确的参数解。

总之，在土壤重金属残留物分析的研究应用中引入人工智能算法，无论是基于传统的相关算法引入人工智能算法进行算法效果的改进，还是基于深度学习网络进行数据特征的自动提取等都具有一定的价值，特别是随着人工智能技术的成熟，人工智能技术在土壤重金属残留物的检测分析中将会逐渐得到广泛运用。

本书是 2018 年湖北省技术创新重大专项"武汉城郊农田土壤重金属积累特征及风险评价"（基金号：2018ABA099）团队成员共同努力的结果。另外，本书在写作过程中参考了网络上的部分优质资源，如百度百科、知乎、微信公众号平台、GitHub 和 Quora 等，在此一并表示感谢。

由于作者能力有限，书中疏漏和不妥之处在所难免，敬请读者批评指正。

张聪

2020 年 8 月于金银湖畔

武汉轻工大学

目　　录

运用篇

理论篇

随着社会经济的发展，土壤重金属污染防治工作越来越受到广泛关注。近年来越来越多的资金投入到重金属防治工作中，防治工作开展的前提是充分了解已有土壤重金属污染物情况，对目前污染物情况进行定性或者定量分析与评价。随着人工智能的发展和运用，国内外涌现出了众多依靠人工智能算法进行农业重金属防治的案例。人工智能算法是一个广义的概念，包括典型的机器学习算法和深度学习算法等，其中机器学习算法通过具体问题场景进行数学建模，构建分类或回归任务，机器学习算法中一般包括决策树算法、聚类算法、集成学习算法、EM算法等相关算法；而深度学习算法近年来随着计算机算力的提升成为人工智能算法中的耀眼明星，众多的深度学习算法在众多的监督和半监督任务中取得了非常好的实验效果。同时，随着近年来实际任务的需求，新的算法和运用领域不断涌现，例如图神经网络相关算法、生成模型相关算法、自动机器学习相关算法和知识图谱等，这些新技术的出现和运用极大地促进了人工智能技术的发展，新技术也势必将会在农业重金属防治工作中大显身手。

理论篇着重介绍在土壤重金属残留物检测分析中具有运用潜力的人工智能相关算法，主要介绍典型机器学习算法、集成学习算法、图神经网络、深度生成模型、自动机器学习和知识图谱这六个方面的基本算法原理。其中图神经网络、深度生成模型、自动机器学习和知识图谱作为较新的人工智能算法在土壤重金属残留物检测分析中具有广泛的运用前景。

第 1 章　机器学习算法

1.1　机器学习算法概述

机器学习（Machine Learning，ML）是一门涉及多领域的交叉学科，专门研究计算机如何模拟或实现人类的学习行为，以获取新的知识或技能，重新组织已有的知识结构使之不断改善自身的性能。在机器学习的发展早期，机器学习也称为模式识别。模式识别（Pattern Recognition，PR）偏向于具体识别任务，例如语言识别、人脸识别和图像识别等，随着机器学习技术的发展，机器学习的概念逐渐替代模式识别。机器学习过程往往包含数据预处理、特征工程、模型建立、模型训练和模型评估这五个步骤，其中特征工程往往对建模结果产生决定性影响，因此机器学习任务大多数时间都花费在特征工程上，如图 1-1-1 所示。近年来随着人工智能技术的蓬勃发展，涌现出众多的机器学习算法，目前的机器学习算法主要包含监督学习和非监督学习。监督学习过程中得到的数据由输入特征和目标标签构成，即训练数据中包含正确的标签信息。而非监督学习的数据中是不含标签信息的，这就需要机器学习算法将样本间的相似性和距离等特征作为判断依据来进行自主学习，以实现聚类和降维等目标任务。非监督学习算法相比监督学习算法更具挑战性，非监督学习算法通过给定的已知数据，训练一个能描述这些数据的潜在规律的模型。如果说监督学习是建立输入和输出之间的映射关系，则非监督学习是发现数据中隐藏的价值信息。常见的监督学习方法主要运用于分类回归问题的解决，如 KNN、决策树和支持向量机等；而非监督学习方法主要运用于聚类、降维和非关联规则挖掘等问题的解决，如 k-Means 算法和 PCA 等算法。

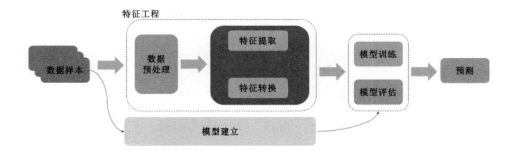

图 1-1-1   机器学习数据处理流程

机器学习问题可以简单地定义为三个方面的问题：模型问题、学习准则问题和优化算法问题。模型问题中定义一个函数族 $f(x;\theta)$ 能够描述输入空间 x 到输出空间的映射，真实函数可以是真实的映射函数 $y=g(x)$ 形式，也可以是条件概率分布 $p(y|x)$ 形式，众多的函数族组成一个假设空间（Hypothesis Space），机器学习模型问题即从假设空间中选择一个最好的函数。学习准则问题定义模型从函数假设空间找到最优模型的准则，同时学习准则需要达到泛化错误最低（避免过拟合）。一个好的模型可以采用期望风险（Expected Risk）来衡量，期望风险定义式见式1-1-1，通过定义损失函数从而得到参数空间中一组最优的参数。常用损失函数包括平方损失函数（Quadratic Loss Function）、交叉熵损失函数（Cross-Entropy Loss Function）和 Hinge 损失函数等。优化算法问题定义最优问题（参数和超参数）的求解过程。常用优化算法包括梯度下降法和随机梯度下降法等。

$$ER(\theta) = E_{(x,y)\sim p(x,y)}[Loss(y, f(x;\theta))]   \qquad 1\text{-}1\text{-}1$$

1.2   决策树算法

决策树算法是经典的机器学习算法，可运用于分类和回归问题的解决。决策树算法模型呈树形结构，典型树结构如图 1-2-1 所示，一般情况下一颗决策树包含一个根节点、若干个内部节点和叶子节点，内部节点表示一个特征或属性，而叶子节点表示决策结果，节点的分支往往依据其特征属性取值，决策树算法中采用的树可以是二叉树或非二叉树。

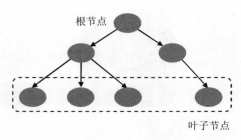

图 1-2-1 树结构

在分类问题中，决策树通过每个树形节点进行逻辑判断，从而进行实例的分类。决策树算法具有计算机程序中 if-then 判断规则的思想，在实际运用中，相较于其他机器学习算法，决策树算法具有分类速度快的特征。在回归问题中，可以将叶子节点取值的均值作为上层父节点的预测值。使用决策树执行决策任务，就是从根节点依照树结构开始测试样本相应特征并选择分支路径直到叶子节点，此时将叶子节点存放的类别作为决策结果。决策树学习通常包括三个方面的内容：训练数据特征选择、决策树的生成和决策树的剪枝操作。随着近年来机器学习的发展，部分优秀的决策树算法涌现出来，其中主要包括 Quinlan 在 1986 年提出的 ID3 算法和 1993 年提出的 C4.5 算法，以及 Breiman 后来提出的 CART 算法。ID3 算法通过信息增益进行特征选择，作为划分子树的依据，C4.5 算法则通过信息增益比进行特征选择，而后来的 CART 算法通过基尼系数或均方差进行特征选择，见表 1-2-1。

表 1-2-1 ID3、C4.5 和 CART 算法对比

算法	特征选择	任务
ID3	信息增益	分类
C4.5	信息增益比	分类
CART	基尼系数或均方差	分类或回归

1.2.1 决策树特征选择

特征选择是通过选取训练数据集中最具代表性的维度特征进行节点分裂，并将分裂节点作为决策树模型学习的对象，数据样本对象中往往具有众多维度的特

征，但并非所有特征都和最终学习目标相关。例如分类任务中针对人这个对象进行"信用等级分类评价"，那么一般情况下人的"性别""身高""体重"和"肤色"等属性信息对最终信用等级分类的影响较小，而"贷款情况""工作情况""职位信息"和"工资收入"等属性信息与最终信用等级评价的相关性较高。决策树特征选择的目的是通过选择更好的特征让最后的分类或回归效果更好，特征选择从众多的特征中选择一个特征作为当前节点分裂的标准，面对样本中不同的特征需要定量评价作为分裂依据，不同的评价方法也衍生了不同的决策树算法。常用的选择标准包括信息增益、信息增益比、基尼指数和均方差，决策树中通过使用某特征对数据集进行划分，划分后的子集要比划分前数据集的纯度高。

（1）信息增益。信息增益（Information Divergence）的定义来源于信息论，信息论中熵（Entropy）是用来度量随机变量不确定性的标准，即信号越是不确定则其熵值越高，越是平稳的不变的信号其熵值越低。随机变量 X 的熵值数学表达见式 1-2-1，式中变量 n 表示随机变量 X 的 n 种不同的可能离散取值，p_i 则是取值为第 i 种取值时对应的概率值。同理可得多变量联合熵（Joint Entropy）值，见式 1-2-2，式中 $H(X, Y)$ 表示变量 X 和 Y 的联合熵值。

$$H(X) = -\sum_{i=1}^{n} p_i \log p_i \qquad\qquad 1\text{-}2\text{-}1$$

$$H(X,Y) = -\sum_{i=1}^{n} p(x_i, y_i) \log p(x_i, y_i) \qquad\qquad 1\text{-}2\text{-}2$$

信息增益在信息论中定义为互信息（Mutual Information），互信息计算公式为

$$I(X,Y) = H(X) - H(X|Y)$$

其中
$$H(X|Y) = -\sum_{i=1}^{n} p(x_i, y_i) \log p(x_i|y_i) = \sum_{j=1}^{n} p(y_j) H(X|y_j)$$

式中：$I(X|Y)$ 表示互信息，其意义为特征 Y 的信息使 X 的信息的不确定性减少的程度；$H(X|Y)$ 为条件熵（Conditional Entropy），表示已知随机变量 Y 的条件下随机变量 X 的不确定性。

以上条件熵和互信息可以通过简单图形关系进行表达，如图 1-2-2 所示。图中左边的椭圆代表不确定性变量 X 的信息熵 $H(X)$，右边的椭圆代表不确定性变量

Y 的信息熵 $H(Y)$，中间重合的部分表示互信息或者信息增益 $I(X,Y)$，左边的椭圆去掉重合部分就是条件熵 $H(X|Y)$，右边的椭圆去掉重合部分就是条件熵 $H(Y|X)$，两个椭圆的并集即联合熵 $H(X,Y)$。

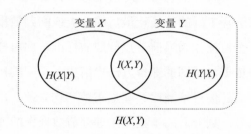

图 1-2-2 相关熵值概念关系简图

信息增益计算依赖信息熵，信息增益是用来衡量特征对于整体系统信息量的贡献的，对于整个系统而言，当某个特征对任务极其重要时，这个特征的存在与否势必会引起整个系统信息量的显著变化。决策树算法实际运用中的样本集合 D 中根据特征 A 划分样本子集，通过 $g(D,A)=H(D)-H(D|A)$ 计算当前信息增益。划分子集前样本集合 D 的熵值 $H(D)$ 是一定的，$H(D|A)$ 是根据特征 A 划分数据集 D 后得到数据子集的熵值。得到的信息增益 $g(D,A)$ 值越小则说明使用此特征划分得到的子集的不确定性越大，而实际构建最优决策树时，总是希望能够得到纯度更高的集合，因此总是选择使得信息增益最大的特征来划分当前数据集 D。

（2）信息增益比。信息增益比（Information Gain Ratio）的定义来源于信息增益，其数学表达见式 1-2-3，式中可见的是在信息增益的基础上乘以一个惩罚参数 $1/H_A(D)$，当特征个数较多时，惩罚参数取值较小；当特征个数较少时，惩罚参数取值较大。式中 $H_A(D)$ 表示对于样本集合 D 将当前特征 A 作为随机变量得到的熵值，$|D_i|$ 表示特征 A 取值为 i 的样本个数，$|D|$ 表示样本总数。

$$g_R(D,A) = \frac{g(D,A)}{H_A(D)} \qquad\qquad 1\text{-}2\text{-}3$$

其中

$$H_A(D) = -\sum_{i=1}^{n} \frac{|D_i|}{|D|} \log_2 \frac{|D_i|}{|D|}$$

（3）基尼指数。基尼指数（Gini Coefficient）又称为基尼不纯度，作为 CART 决策分类树选择最优特征的依据，其表示在样本集合中一个随机选中的样本被分错的概率。基尼指数数学表达式见式 1-2-4，式中 p_k 表示选中样本属于 k 类别的概率，$1-p_k$ 表示这个样本被分错的概率值，二分类问题中如果样本点属于第一类概率 p，则概率分布的基尼指数见式 1-2-5。

$$Gini(p) = \sum_{k=1}^{K} p_k(1-p_k) = 1 - \sum_{k=1}^{K} p_k^2 \qquad 1\text{-}2\text{-}4$$

$$Gini(p) = 2p(1-p) \qquad 1\text{-}2\text{-}5$$

样本集合 D 中假设根据特征 A 可以将样本集划分为 D_1 和 D_2 两个部分，则在特征 A 下的集合 D 的基尼指数定义为式 1-2-6。式中 $Gini(D,A)$ 表示经过 $A=a$ 分割后集合 D 的不确定性，基尼指数越大，样本集合的不确定性越大。对于一个具有多个取值的特征 A，需要计算以每一个取值作为划分点对样本 D 划分之后子集的纯度 $Gini(D, A_i)$，其中 A_i 表示特征 A 的可能取值。

$$Gini(D, A) = \frac{|D_1|}{|D|} Gini(D_1) + \frac{|D_2|}{|D|} Gini(D_2) \qquad 1\text{-}2\text{-}6$$

（4）均方差。均方差（Standard Deviation）是 CART 决策回归树选择最优特征的依据，均方差数学定义式为

$$m = \sum_{x_i \in R_m} [y_i - f(x_i)]^2$$

式中，y_i 是训练数据集输出变量值，$f(x_i)$ 是划分输入空间后得到的决策树输出值，一般决策树输出值取值为划分输入空间中对应 y_i 的均值。

1.2.2　决策树生成

决策树生成是依据样本特征进行决策树的创建，一般从树的根节点开始进行构建。在机器学习决策树算法中，ID3、C4.5 和 CART 算法决策树的分支依赖于对样本特征信息增益和信息增益比等的计算。

（1）ID3。ID3 算法的核心是在决策树每个节点生成过程中采用信息增益作为特征选择准则。ID3 算法从根节点开始构建，对节点计算所有可能特征的信息

增益值，选择信息增益最大的特征作为此节点划分的依据，同时将不同特征作为叶子节点，然后依次对叶子节点计算所有可能选择特征的信息增益，如此往复，直至无所选特征或所有特征增益小于阈值为止。"西瓜好坏判断问题"是决策树运用的经典问题，问题中需要依据"色泽""根蒂"和"纹理"等特征进行好瓜坏瓜判断，假设经过 ID3 算法得到的最终决策树如图 1-2-3 所示，ID3 算法进行决策树构建过程中首先需要分别计算属性集合{色泽，根蒂，敲声，纹理，脐部，触感}中每个属性的信息增益，得到信息增益最大值对应属性为"纹理"，因此将"纹理"属性作为根节点划分标准，依次往复计算相应属性信息增益并进行节点划分即可得到最终整个决策树。

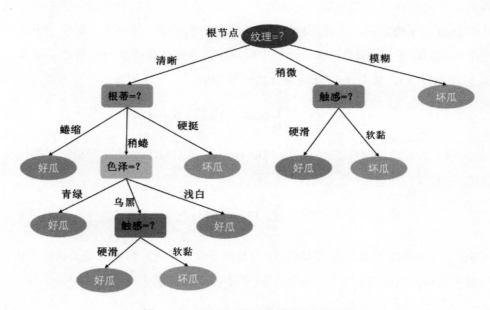

图 1-2-3 "西瓜好坏判断问题"决策树

（2）C4.5。相较于 ID3 算法选择信息增益作为节点特征选择依据，C4.5 选择信息增益比作为节点特征选择依据，信息增益往往偏向于取值较多的特征，当某个特征取值较多时，根据信息增益此特征进行子树构建更容易得到纯度更高的子集，例如实际问题中选择样本"序号"特征往往得到较高的信息增益，但依据"序号"进行节点划分往往是没有任何意义的。C4.5 算法在信息增益的基础之上引入惩罚项，选择信息增益比作为特征选择依据，而实际运用中信息增益比偏向于取值较少的特征。基于信息增益比的算法往往运用中不是直接选择信息增益率最大的特征，而是在候选特征中选择信息增益高于平均水平的特征，然后在这些特征中选择信息增益率最高的特征作为划分子树的依据。

（3）CART。分类与回归树（CART）是运用广泛的决策树，例如在集成学习算法 GBDT 中，CART 树可运用于分类问题的解决也可运用于回归问题的解决，CART 回归树采用平方误差最小化准则进行特征选择，而在 CART 分类树中采用基尼指数最小化准则进行特征选择并生成二叉树。CART 分类树生成过程与 ID3 算法生成过程较为类似，但 CART 回归树中由于需要处理连续数据因此处理方法与 ID3 和 C4.5 两种算法有一定区别。

CART 回归树构建过程中训练数据集(X,Y)中 Y 是连续值，X 表示特征值。CART 回归树构建中存在两个问题，一个是如何对输入特征进行划分，另一个是如何对模型进行评价。一般 CART 回归树中采用平方误差来表示误差，用平方误差最小准则选择最优切分点。实际中依次对特征变量进行切分点遍历并定义两个区域，见式 1-2-7，表示选择第 j 个变量 $x^{(j)}$ 和它的切分点 s。

$$\begin{cases} R_1(j,s) = \{x \mid x^{(j)} \leqslant s\} \\ R_2(j,s) = \{x \mid x^{(j)} > s\} \end{cases} \qquad 1\text{-}2\text{-}7$$

1.2.3　决策树剪枝

决策树生成过程中为了尽可能正确分类训练样本，树节点划分过程会不断重复进行，从而导致决策树分支过多，这样往往出现过拟合现象。决策树剪枝是通过控制决策树分支数量达到简化模型的目的，从而解决模型过拟合问题。决策树剪枝过程分为预剪枝和后剪枝两种：预剪枝过程是在决策树生成过程中，在每个节点划分前进行估计，若当前节点划分不能带来决策树泛化性能提升则停止划分；后剪枝是在生成完一颗决策树后从叶子节点回溯其父节点，若将父节点对应子树替换为叶子节点能带来决策树泛化性能提升，则将其替换为叶子节点。决策树剪枝过程可以用图 1-2-4 进行直观表述。

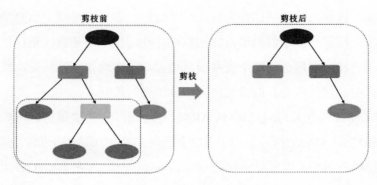

图 1-2-4　决策树剪枝

预剪枝和后剪枝过程中可以通过预留验证数据集的方式来对剪枝后模型性能进行定量评价，从而确定是否执行剪枝操作。预剪枝过程中每一次节点划分前后均通过验证数据集进行评价，若划分前验证集精度高于划分后验证集精度，则进行剪枝。后剪枝首先需要生成完整的一颗决策树，然后考虑将叶子节点参与的一颗子树移除，再通过剪枝后的新决策树对验证数据进行评价得出精度，若精度优于未剪枝则执行剪枝操作。

决策树剪枝中较为简单的剪枝算法也可以通过最小化一个整体损失函数进行，常见损失函数定义见式 1-2-8，$H_t(T)$ 是叶子节点 t 上的信息熵值，$|T|$ 是叶子节点个数，其中 $\alpha\ |T|$ 是正则项系数，较大的 α 促使选择较简单的树结构，较小的 α 促使选择较复杂的树结构，剪枝操作过程中，当确定 α 参数后，选择损失函数最小时对应的模型。

$$C_\alpha(T) = \sum_{t=1}^{|T|} N_t H_t(T) + \alpha\,|T| \qquad 1\text{-}2\text{-}8$$

其中

$$H_t(T) = -\sum_k^K \frac{N_{tk}}{N_t} \log \frac{N_{tk}}{N_t}$$

1.3　聚类算法

聚类（Clustering）算法是典型的无监督学习（Unsupervised Feature Learning）算法之一。聚类算法可简单理解为通过算法将样本数据划分为不同的样本子集，每个样本子集的数据具有一定相似性，聚类算法对数据样本的聚类效果如图 1-3-1 所示，机器学习算法中常见的聚类算法包括 k-Means 算法、谱聚类算法和 BIRCH 算法等。k-Means 算法是较简单的机器学习算法，k-Means 算法通过迭代不断调整数据分组直到最终聚类中心不再发生变化、总体误差平方和局部最小为止。k-Means 算法可以理解为采用 EM 算法对高斯混合模型在正态分布的协方差为单位矩阵，且隐变量的后验为一组狄拉克 δ 函数时的特例。

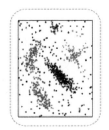

图 1-3-1　聚类效果

谱聚类算法（Spectral Clustering）是运用广泛的聚类算法，相较于经典的 k-Means 聚类算法，谱聚类算法具有适应性强、聚类效果优秀、计算资源消耗小和算法实现简单等优点。谱聚类算法建模来源于数学图论，其假设聚类数据样本可以映射为多维空间的离散点，而且各个离散点之间具有边连接构成带权无向图，两个离散点距离越远，其边权重越低，反之，边权重越高。谱聚类算法建模的目的是针对整个样本点组成的图进行子图划分，使每个子图内的边权重和尽可能高，子图间边权重尽可能低。典型谱聚类算法的实现如算法 1-3-1 所示。

算法 1-3-1　（谱聚类算法）

输入：n 个样本 $X=\{x_1, x_2, ..., x_3\}$ 和聚类簇数 k。

输出：聚类结果 $A_1, A_2, ..., A_k$。

（1）根据给定样本点，构造一个加权无向图 $G(V, E)$。

（2）根据相似矩阵的生成方式构建相似矩阵 S、邻接矩阵 W 和度矩阵 D。

（3）构造拉普拉斯矩阵 $L=D-W$，并构建标准化后的拉普拉斯矩阵 $D^{-1/2}LD^{-1/2}$。

（4）求解拉普拉斯矩阵，构建特征向量空间（1 维或 K 维）。

（5）利用传统聚类算法将样本数据嵌入到新的特征向量空间中得到最终聚类结果。

1.3.1 相似度矩阵和邻接矩阵

邻接矩阵 W 是由两点样本之间的权重值 w_{ij} 组成的矩阵，谱聚类算法中对于权重值有定性的表述，即距离较远的点之间的权重较低，而距离较近的两个点权重值较高。谱聚类算法需要得到关于权重值的定量表示，因此获得邻接矩阵需要通过相似矩阵 S 间接得到。谱聚类算法中相似度是样本点间的距离度量，当距离较远时可认为它们的相似度比较低，距离较近即代表相似度较高。谱聚类算法中采用三种方法来进行相似度和邻接矩阵的计算，分别是 ε-近邻法、K 近邻法和全连接法，实际中采用全连接法建立邻接矩阵最为普遍。

ε-近邻法中设置一个距离阈值 c，通过欧式距离计算样本任意两点之间的距离 s_{ij}，最后通过 s_{ij} 和阈值的关系来确定邻接矩阵 W。ε-近邻法公式定义 s_{ij} 和 w_{ij} 分别为式 1-3-1 和式 1-3-2，由定义可知邻接矩阵权值定义是 c 或 0，这种定义权重信息较为粗糙，并不能精确表示样本间的权重值，因此 ε-近邻法在实际中运用较少。

$$s_{ij} = \| x_i - x_j \|_2^2 \qquad\qquad 1\text{-}3\text{-}1$$

$$w_{ij} = \begin{cases} 0 & s_{ij} > c \\ c & s_{ij} \leq c \end{cases} \qquad\qquad 1\text{-}3\text{-}2$$

K 近邻法是经典的机器学习算法。K 近邻法通过遍历样本数据，选取每个样本最近的 K 个近邻点，谱聚类中定义距离样本和 K 个最近的样本点之间的权重 $w_{ij} > 0$，这样最终获得的邻接矩阵往往是非对称结构，所以针对典型的 K 近邻法进行改进，改进后的 K 近邻法获取的邻接矩阵 W 见式 1-3-3，式中算法实现根据两样本点是否在各自 K 近邻点构建矩阵 W。

算法一：

$$w_{ij} = w_{ji} = \begin{cases} 0 & x_i \notin KNN(x_j) \ and \ x_j \notin KNN(x_i) \\ \exp\left(-\dfrac{\| x_i - x_j \|_2^2}{2\sigma^2} \right) & x_i \in KNN(x_j) \ or \ x_j \in KNN(x_i) \end{cases}$$

算法二：

$$w_{ij} = w_{ji} = \begin{cases} 0 & x_i \notin KNN(x_j) \text{ or } x_j \notin KNN(x_i) \\ \exp\left(-\dfrac{\|x_i - x_j\|_2^2}{2\sigma^2}\right) & x_i \in KNN(x_j) \text{ and } x_j \in KNN(x_i) \end{cases}$$

1-3-3

全连接法是得到邻接矩阵最常用的算法，相较前面两种算法，全连接算法得到的样本点间权重值均大于 0。全连接法中采用核函数来定义权重，常用的核函数是高斯核函数（Radial Basis Function，RBF）、多项式核函数（Polynomial Kernel Function，PKF）和 Sigmoid 核函数。其中常用的高斯核函数定义为

$$w_{ij} = s_{ij} = \exp\left(-\frac{\|x_i - x_j\|_2^2}{2\sigma^2}\right)$$

式中相似矩阵和邻接矩阵相同，其中参数 σ 控制着样本点的邻域宽度，即 σ 越大表示样本点与距离较远的样本点的相似度越大。

1.3.2 拉普拉斯矩阵

拉普拉斯矩阵（Laplacian Matrix）是一种广泛应用在图论中的矩阵，是谱聚类算法中重要的工具。拉普拉斯矩阵具有两种典型的表示方法，一种是未标准化的拉普拉斯矩阵，第二种是标准化的拉普拉斯矩阵。实际运用中各个不同版本的谱聚类算法中存在不同的邻接矩阵计算方法和不同的拉普拉斯矩阵表示方法，其他步骤均遵循典型谱聚类算法标准化流程。未标准化的拉普拉斯矩阵定义见式1-3-4，假设对于一个图 $G(V,E)$，w_{ij} 表示两个点 v_i 和 v_j 之间的权重，当 v_i 和 v_j 之间边连接时权重值大于 0，无边连接时权重 $w_{ij}=0$。拉普拉斯矩阵定义式中 W 为邻接矩阵，D 为度矩阵，度矩阵描述每个点的边权之和，度矩阵是一个对角矩阵且只有主对角线有值。

$$L = D - W$$

1-3-4

$$d_i = \sum_{j=1}^{n} w_{ij}$$

拉普拉斯矩阵是一个特殊的矩阵,具备很多优秀的性质:

(1)首先由于矩阵 D 和 W 是对称矩阵,因此拉普拉斯矩阵也是对称矩阵。

(2)由于 L 是对称矩阵,因此其特征值都是实数值。

(3)对于任意向量 f,满足

$$f^T L f = \frac{1}{2} \sum_{i,j=1}^{n} w_{ij}(f_i - f_j)^2$$

(4)拉普拉斯矩阵是半正定的,且对应的 n 个实数特征值都大于等于 0。

标准化拉普拉斯矩阵具有两种表示方法,一种是基于随机游走的标准拉普拉斯矩阵 L_{rw},另一种是对称标准化拉普拉斯矩阵 L_{sym},定义如下:

$$L_{rw} = D^{-1} L = I - D^{-1} W$$

$$L_{sym} = D^{-1/2} L D^{-1/2} = I - D^{-1/2} W D^{-1/2}$$

同理,标准化后的拉普拉斯矩阵满足如下性质:

(1)L_{rw} 和 L_{sym} 是半正定矩阵,且都有非负实数特征值。

(2)对于任意向量 f,满足

$$f^T L_{rw} f = f^T L_{sym} f = \frac{1}{2} \sum_{i,j=1}^{n} w_{ij} \left(\frac{f_i}{\sqrt{d_i}} - \frac{f_j}{\sqrt{d_j}} \right)^2$$

1.3.3 谱聚类中切图方法

谱聚类算法中通过样本点的相似性划分成不同的组,使得组内的样本点相似,组间数据点不相似,通过图进行描述即找一个图形的分区,让分区之间的边具有非常低的权重,而分区内的边具有较高的权重。谱聚类中针对切图具有三种方法:第一种是最小切图方法,第二种是 RatioCut 切图,第三种是 Ncut 切图。

最小切图方法是最简单的切图方法。假设在一个无向图 G 中,我们需要将图 $G(V, E)$ 切成 k 个子图,每个子图表示为 $A_1, A_2, ..., A_k$,同时要求每个子图集之间没有交集 $A_i \cap A_j = \varnothing$,$A_1 \cup A_2 \cup ... \cup A_k = V$,则定义任意两个子图之间的切图权重见式 1-3-5,同时 k 个子图 cut 函数见式 1-3-6,式中 $\overline{A_i}$ 为 A_i 的补集。实际切图中为了让子图内的权重和较高，而子图间的权重和较低，可以通过最小化 cut 函数实现，实际中选择具有最小权重值的边缘进行切割，能够得到最小化 cut 函数值，但是这种方式最终获得的子图往往不是最优的。

$$W(A, B) = \sum_{i \in A, j \in B} w_{ij} \qquad 1\text{-}3\text{-}5$$

$$cut(A_1, A_2, ... A_k) = \frac{1}{2} \sum_{i=1}^{k} W(A_i, \overline{A}_i) \qquad 1\text{-}3\text{-}6$$

为了避免最小切图导致的切图效果不佳，需要对子图规模进行限制。RatioCut 切图算法不光考虑最小化 $cut(A_1, A_2, ..., A_k)$，同时考虑最大化子图中样本点个数，综合得到 RatioCut 的目标函数，见式 1-3-7，式中 $|A_i|$ 是第 i 个子图内的节点个数。

$$RatioCut(A_1, A_2, ..., A_k) = \frac{1}{2} \sum_{i=1}^{k} \frac{W(A_i, \overline{A}_i)}{|A_i|} \qquad 1\text{-}3\text{-}7$$

1.4 链接分析算法

链接分析源于对网络结构中超链接的多维分析，链接分析是目前进行网络信息检索、数据挖掘、Web 结构建模和 SEO 技术方面的研究热点，也是众多搜索引擎的核心技术之一，因为链接分析中 Web 可以类似看作一个 Web 图结构，链接的出入构成一个传播链条，所以也在很多地方称为图传播算法。链接分析算法伴随着搜索引擎的发展而发展，拥有众多的优秀算法，主流的链接分析算法关系图如图 1-4-1 所示。链接分析算法主要基于随机游走模型和子集传播模型进行建模，随机游走模型基于用户跟随网页链接进行随机跳转建模，而子集传播模型建模则将网络划分子集，同一个子集的网页具备相似属性并给予初始值，之后仍然按照链接关系对权重进行传递。链接分析算法中 PageRank 算法和 HITS 算法都属于比较古老且著名的经典链接分析方法。

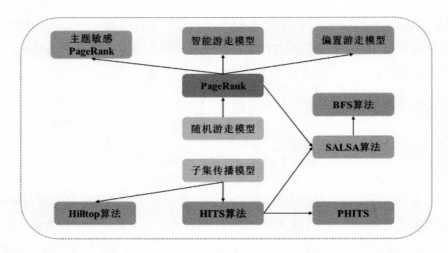

图 1-4-1　链接分析算法

1.4.1　PageRank 算法

　　PageRank 算法是由 Google 两位创始人提出的，受到论文引用次数越高论文影响力越大的启发，提出了 PageRank 算法以解决网页检索时的推荐问题。PageRank 定义一个网页节点包含出链和入链，出链指的是链接出去的链接，而入链指的是链接进来的链接。假设实际网络中包含四个节点 A、B、C、D，如图 1-4-2 所示，B 网络节点包含 2 个入链和 2 个出链。为了评估网络每个节点的影响权重，需要对节点的出入节点进行充分考虑，一个节点的入链对应的节点权重越高，其影响力越大，而其出链代表将其自身影响力输出至下一节点。

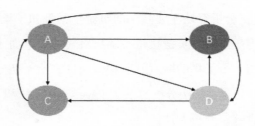

图 1-4-2　网络节点图

PageRank 算法定义一个节点影响力的计算公式见式 1-4-1。式中 u 为待评估网页节点，B_u 为网页节点 u 的所有入链集合，$PR(v)$ 是 u 节点对应入链节点 v 的权重，$L(v)$ 是 v 节点的出链数量。一个节点给予出链对应节点的权重为其本身权重值除以其所有出链的数量，如此计算即可得到 u 节点的权重值 $PR(u)$。

$$PR(u) = \sum_{v \in B_u} \frac{PR(v)}{L(v)} \qquad \text{1-4-1}$$

以上简单的计算节点权重的方法在实际中容易造成等级泄露（Rank Leak）和等级沉没（Rank Sink）问题。等级泄露是如果一个网络节点没有出链，则其获得所有入链节点的影响力，这样最终会导致其他节点的影响力值为 0。等级沉没是指一个网络节点只有出链没有入链，则会最终导致这个网络节点的影响力值为 0。为了解决以上两个问题，Lawrence Page 提出了 PageRank 的随机浏览模式，随机浏览模式假设用户浏览网页的过程中不光会通过出链进行跳转，同时还有可能随机进入到一个页面，比如通过地址栏输入网址，这是完全不依赖出入链的随机行为。基于随机浏览模式的 PageRank 算法公式定义见式 1-4-2，式中 d 是阻尼因子，其代表通过跳转链接浏览网络节点的概率，其一般取值为 0.85，N 为网页站点的总数量。

$$PR(u) = \frac{1-d}{N} + d \sum_{v \in B_u} \frac{PR(v)}{L(v)} \qquad \text{1-4-2}$$

1.4.2 HITS 算法

HITS 算法（Hyperlink-Induced Topic Search）是于 1997 年提出的著名链接分析方法，和 PageRank 算法不同的是 HITS 算法接收用户查询之后返回网络节点结果，而 PageRank 算法是一个与查询无关的全局算法。HITS 算法中将网页分为 hub 页面和 authority 页面，其中 authority 页面是指某个领域的高质量页面，而 hub 页面则是指包含很多 authority 页面链接的网页，譬如我们熟悉的"hao123 网址导航"首页就是一个 hub 页面，如图 1-4-3 所示。authority 页和 hub 页是相互增强的关系，一个好的 authority 页面会被很多 hub 页面收录，而一个好的 hub 页面则会指向优质的 authority 页面。HITS 算法的目的就是当用户查询时返回高质量的 authority 页面。

图 1-4-3 "hao123"hub 页面包含 authority 实例

HITS 算法定义每个页面具有 hub 值和 authority 值。hub 值为所有它指向页面的 authority 值之和，authority 值为所有指向它的页面的 hub 值之和。简单的 HITS 算法可以用图 1-4-4 表示，假设网络节点中共有三个页面，初始化三个页面的 hub 值均为 $h(1)=h(2)=h(3)=1$，authority 值均为 $a(1)=a(2)=a(3)=1$。实际计算 hub 值和 authority 值也是不断地对收集网页进行迭代最终得到 hub 值和 authority 值，如图 1-4-4 所示。由图 1-4-4 可知网页 3 是比较好的 authority 页面，而网页 1 和 2 则是 hub 页面。实际运用过程中搜索引擎根据用户的搜索输入提取排名比较靠前的网页，这类与用户输入相关的初始网页称为"根集"，然后根据根集将网页扩充至更大的集合，最后基于这个集合计算每个页面的 hub 值和 authority 值。

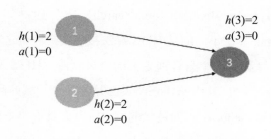

图 1-4-4 HITS 算法实例

1.5 概率密度估计算法

概率密度估计（Probabilistic Density Estimation）简称密度估计，是典型的非监督学习方法，概率密度估计是训练样本估计样本空间的概率密度 $p(x)$ 或 $p(x,y)$。假设在不知道数据点具体分布的情况下，并在有限次观测 $x_1, x_2, x_3, \dots, x_N$ 的前提下，对随机变量 x 的概率分布 $p(x)$ 进行建模。密度函数估计方法主要包含参数化的方法和非参数的方法。参数化的方法是已知观测数据服从某一个确定分布（高斯分布和多项式分布等），需要确定分布中的少量参数 θ，具体的求参方法包括最大化似然函数（频率学派）和引入参数的先验分布通过贝叶斯定理来计算对应的后验分布（贝叶斯流派），非参数化的方法包括直方图密度估计、核密度估计和最近邻估计。概率密度估计算法在机器学习概率图模型中运用非常广泛，只是概率图模型中包含隐变量，更具一般性的参数密度估计方法可见后续 EM 算法和 MCMC 采样。

1.5.1 直方图密度估计

直方图密度估计（Histogram Method）是最简单的非参数密度估计方法，以利用已有的样本数据构造直方图的形式来获得样本总体的概率密度估计，是估计连续变量密度函数的方法。直方图密度估计方法中需要将变量取值划分为 M 个连续的无重叠的区间，每个区间一般具有相同的宽度。一维随机变量的直方图密度估计方法详细步骤如算法 1-5-1 所示。

算法 1-5-1（直方图密度估计）

输入：区间宽度。

输出：总体密度函数。

（1）由已有样本数据 X 的最大值和最小值确定数据区间 $[a,b]$，其中 $a \leqslant X_1 \leqslant X_n \leqslant b$。

（2）等分区间为 k 个小区间 $\{[a_0, a_1], [a_1, a_2), \dots, [a_{k-1}, a_k]\}$。

（3）得到落入第 i 个小区间内的样本个数 q_i。

（4）以每个小区间为底边、密度估计值为高绘制直方图，其中 n 为样本数。

$$f(x) = \frac{q_i}{n(a_{i+1} - a_i)}$$

可用光滑曲线描出整个密度函数近似图形，总体密度函数为

$$f(x) \approx \begin{cases} \dfrac{q_i}{n(a_{i+1} - a_i)} & (i = 0,1,...,n-1 \text{ 且 } a_i \leqslant x < a_{i+1}) \\ 0, \text{其他} \end{cases}$$

直方图密度估计方法实现简单，但在实际运用中也存在明显的问题。直方图密度估计方法对不同宽度的区间敏感，不同的区间宽度最后产生的直方图会存在一定区别，区间宽度越宽，直方图越平缓，同时直方图密度估计方法无法运用于高纬度的随机变量，只能运用于简单的低纬度随机变量的概率密度函数估计。此外，直方图展示分布曲线不平滑，因为假设是在一个区间中样本具有相等的概率密度，这一点在实际中会导致误差。

1.5.2　核密度估计

核密度估计（Kernel Density Estimation，KDE）又称为 Parzen 窗方法，其计算公式见式 1-5-1，其中 n 为获得样本 X 的数量，$x_1, x_2, ..., x_n$ 为独立同分布的 n 个样本点，其概率密度函数为 $f_h(x)$，其中 $K(\cdot)$ 为核函数，式中核函数的定义为非负且同时满足积分为 1、均值为 0 的函数，实际中核函数包括矩形、Epanechnikov 曲线和高斯曲线等。

$$f_h(x) = \frac{1}{n} \sum_{i=1}^{n} K_h(x - x_i) = \frac{1}{nh} \sum_{i=1}^{n} K\left(\frac{x - x_i}{h}\right) \qquad 1\text{-}5\text{-}1$$

以上函数的推断依赖导数的定义式，定义式见式 1-5-2，而实际概率论中密度函数 $f(x)$ 则是分布函数 $F(x)$ 的一阶导数，导数定义式和概率密度函数进行结合可知式 1-5-2 中 $f(x)$ 即概率密度函数，$F(x)$ 为概率分布函数。

$$f(x) = \lim_{h \to 0} \frac{F(x+h) - F(x-h)}{2h} \qquad 1\text{-}5\text{-}2$$

式 1-5-2 不考虑 h 趋近于 0 的条件，进一步可以得到式 1-5-3。

$$f(x) = \frac{1}{2h} \frac{\sum\limits_{i=1}^{N} count(x-h \leqslant x_i \leqslant x+h)}{N} = \frac{1}{Nh} \sum\limits_{i=1}^{N} \frac{1}{2} \times count\left(\frac{|x-x_i|}{h} \leqslant 1\right) \quad \text{1-5-3}$$

式 1-5-3 若记 $K_0(t)=1/2 \times count(t<1)$，则有式 1-5-4。

$$f_h(x) = \frac{1}{nh} \sum\limits_{i=1}^{n} K_0\left(\frac{x-x_i}{h}\right) \quad \text{1-5-4}$$

1.5.3　K 近邻估计法

K 近邻估计法（K-Nearest Neighbor，KNN）定义式见式 1-5-5，设 $f(x)$ 是 X 的分布函数，且 $x_1,x_2,...,x_n$ 是 n 个已知样本，式中 k_n 为一个自然数，其满足 $1 \leqslant k_n \leqslant n$，而 $a_n(x)$ 为所有包含 k_n 个样本点的区间 $[x-a,x+a]$ 中最短区间的 a 的取值，最终获得结果称为 $f(x)$ 的最近邻估计。在 K 近邻估计法中 K 的取值很重要，当取值较大时会导致密度不准确且计算开销增大的问题，当取值较小时则无法有效估计密度函数。

$$f(x) \approx \frac{k_n}{2na_n(x)} \quad \text{1-5-5}$$

1.5.4　典型参数估计方法

最大似然估计（Maximum Likelihood Estimation，MLE）是已知概率分布模型 $f(x)$ 和部分样本数以求取未知参数的由样本估计参数的主要方法，假设随机变量 $X=(x_1,x_2,x_3,...,x_n)$，并且已知从总体样本 X 中独立采样抽取 $Y=(y_1,y_2,y_3,...,y_n)$，变量 X 的概率密度函数可以看作一个关于 θ 的函数 $f(\theta)$ 或 $p(x;\theta)$。对于最大似然函数假设在参数 θ 下对于 X 的估计结果恰好是 $Y=(y_1,y_2,y_3,...,y_n)$ 的总概率值最大，即让获得的 Y 样本发生可能性更大，则定义似然函数为式 1-5-6。

$$L(\theta) = \prod\limits_{i=1}^{n} p(x_i \mid \theta) \quad \text{1-5-6}$$

对式 1-5-6 进行公式变换可得对数似然函数，见式 1-5-7，对于待求参数 θ 需要对似然函数进行求导并赋值为 0，解方程可得最终参数。

$$L(\theta) = \sum_{i=1}^{n} \ln(p(x_i \mid \theta)) \qquad 1\text{-}5\text{-}7$$

最大后验概率估计（Maximum Posteriori Probability，MAP）是贝叶斯估计的方法之一，贝叶斯学派认为事物最终的观测结果会由众多的条件决定。最大后验概率似然函数见式 1-5-8：

$$L(\theta) = \prod_{i=1}^{n} p(x_i \mid \theta) = \prod_{i=1}^{n} \frac{p(\theta \mid x_i)p(\theta)}{p(x_i)} \qquad 1\text{-}5\text{-}8$$

同极大似然估计原理一样，最大后验概率似然函数需要得到已知样本出现概率最大的情况下参数 θ 的取值，如式 1-5-9 所示，最终参数 θ 求法和最大似然函数求法一致。

$$\theta = \arg\max \prod_{i=1}^{n} p(\theta \mid x_i)p(\theta) = \arg\max \sum_{i=1}^{n} (\ln(p(\theta \mid x_i)) + \ln(p(\theta))) \qquad 1\text{-}5\text{-}9$$

1.6   EM 算法

概率图模型中网络参数学习是图模型学习任务的重要研究点，而网络参数学习主要分为含有隐变量（Latent Variable）的参数估计和不含隐变量的参数估计。不含隐变量的参数估计方法和普通概率密度估计方法类似，可以通过最大化似然函数来进行估计，但是若含有隐变量，一般情况下可以采用期望最大化算法（Expectation Maximization，EM）进行参数求解。EM 算法作为著名的求解含有隐变量的参数估计方法在高斯混合模型（Gaussian Mixture Model，GMM）和隐马尔可夫模型（Hidden Markov Model，HMM）的参数估计中运用广泛。

1.6.1   EM 算法理论

EM 算法是典型的通过近似求解策略估计概率分布函数中未知参数的方法，主要运用于含有隐变量的概率模型参数的极大似然估计或极大后验概率估计。概率密度函数作为重要的描述数据样本之间关系的数学语言，在整个机器学习和深度学习算法中运用广泛，但是对于概率密度函数参数的求解过程却是一个难点。对于已知概率密度函数形式待求解参数的问题，一般最常用的参数估计方法为最大似然法（Maximum Likelihood，ML）或最大后验估计。EM 算法和最大似然估计法前提一样都需要假设数据总体分布函数形式，EM 算法适用于带有隐变量的概率模型的估计。EM 算法实现流程分为两个步骤：首先 E 步中随机确定模型的隐含参数值，接着 M 步是基于观察数据和 E 步中的隐含参数值来一起极大化对数似然，并求得模型新参数。经过 E 步和 M 步不断迭代，最终两步中所求得的参数逐渐收敛，即可完成迭代过程。

图 1-6-1 给出了含隐变量的概率图模型盘式记法（Plate Notation），假设实际中 $X=(x^{(1)},x^{(2)},...,x^{(m)})$ 为观测变量，$Z=(z^{(1)},z^{(2)},...,z^{(m)})$ 为观测变量对应的隐变量，而 θ 为需要估计的参数，针对求得分布 $p(X)$ 的参数 θ 引入的隐变量需要满足两个条件：第一个条件是能够简化模型求解参数 θ，第二个条件是加入的隐变量不能改变原 X 分布的边缘分布。

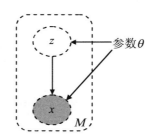

图 1-6-1　含隐变量的贝叶斯网络

针对所求分布 $p(X;\theta)$ 参数 θ，最常用的方法即通过极大似然估计法或最大后验概率方法，但很多时候经过极大似然估计法构造似然函数并对待求参数求导往往无法有效完成，例如在高斯混合模型中，这个时候引入 EM 算法就成为可能。EM 算法通过引入隐变量得到其新的似然函数，见式 1-6-1，式中 z 为引入的隐变量。

$$\theta = \arg\max_{\theta} \sum_{i=1}^{m} \log P(x^{(i)};\theta) = \arg\max_{\theta} \sum_{i=1}^{m} \log \sum_{z^{(i)}} P(x^{(i)},z^{(i)};\theta) \qquad \text{1-6-1}$$

式 1-6-1 很难直接根据似然函数求得参数项，因此必须采用其他方法进行精确求解或估计参数值。EM 算法作为一种迭代求解概率参数的方法，其主要通过一步一步迭代进行最佳参数解 θ 的逼近。式 1-6-1 需要得到最大化似然函数的参数 θ，则对式 1-6-1 进行缩放得到式 1-6-2，式中主要通过引入关于 Z 的分布函数，同时利用 Jensen 不等式缩放原似然函数。Jensen 不等式定义在 $f(x)$ 为凹函数的情况下，不等式 $f(\mathrm{E}(x)) \geqslant \mathrm{E}(f(x))$ 成立，而对数函数为凹函数。

$$\log \sum_{j} \lambda_j y_j \geqslant \sum_{j} \lambda_j \log y_j, \lambda_j \geqslant 0, \sum_{j} \lambda_j = 1$$

$$\sum_{z} Q_i(z^{(i)}) = 1$$

$$\begin{aligned} \sum_{i=1}^{m} \log \sum_{z^{(i)}} P(x^{(i)},z^{(i)};\theta) &= \sum_{i=1}^{m} \log \sum_{z^{(i)}} Q_i(z^{(i)}) \frac{P(x^{(i)},z^{(i)};\theta)}{Q_i(z^{(i)})} \\ &\geqslant \sum_{i=1}^{m} \sum_{z^{(i)}} Q_i(z^{(i)}) \log \frac{P(x^{(i)},z^{(i)};\theta)}{Q_i(z^{(i)})} \end{aligned} \qquad \text{1-6-2}$$

式 1-6-2 提供了似然函数的下界，如果极大化这个下界则等价于极大化似然函数，式 1-6-2 去掉常数项部分则得到极大化目标函数，见式 1-6-3，式中最大化项可视为 $\log P(x^{(i)},z^{(i)}|\theta)$ 基于概率分布 $Q_i(z^{(i)})$ 的期望。式中 $Q_i(z^{(i)})$ 是 EM 算法的 E 步，通过固定参数 θ 后，$Q_i(z^{(i)})$ 即后验概率。EM 算法 M 步通过确定 $Q_i(z^{(i)})$ 后，通过调整参数 θ 极大化下界，M 步式中由于此时参数 θ 为上一轮得到的固定值，因此此时 $Q_i(z^{(i)})$ 为常数，可进行最终化简。

$$Q_i(z^{(i)}) = \frac{P(x^{(i)},z^{(i)};\theta)}{\sum_{z} P(x^{(i)},z^{(i)};\theta)} = \frac{P(x^{(i)},z^{(i)};\theta)}{P(x^{(i)};\theta)} = P(z^{(i)} \mid x^{(i)};\theta) \qquad \text{1-6-3}$$

$$\begin{aligned} &\arg\max_{\theta} \sum_{i=1}^{m} \sum_{z^{(i)}} Q_i(z^{(i)}) \log \frac{P(x^{(i)},z^{(i)};\theta)}{Q_i(z^{(i)})} \\ &= \arg\max_{\theta} \sum_{i=1}^{m} \sum_{z^{(i)}} Q_i(z^{(i)}) \log P(x^{(i)},z^{(i)};\theta) \end{aligned}$$

综上，EM 算法详细步骤如算法 1-6-1 所示。

算法 1-6-1（EM 算法）

输入：可见观察数据 $X = (x^{(1)}, x^{(2)}, ..., x^{(m)})$，联合分布 $p(X,Z|\theta)$、隐变量分布 $p(Z|X,\theta)$、最大迭代次数 J。

输出：模型参数 θ。

（1）初始化参数 θ^0。

（2）from $i=0$ to J。

1）E 步：计算 X 和 Z 的联合概率分布的期望

$$Q_i(z^{(i)}) = P(z^{(i)} \mid x^{(i)}, \theta^j)$$

$$L(\theta, \theta^j) = \sum_{i=1}^{m} \sum_{z^{(i)}} Q_i(z^{(i)}) \log P(x^{(i)}, z^{(i)}; \theta)$$

2）M 步：最大化 $L(\theta, \theta^j)$ 得到

$$\theta^{j+1} = \arg \max_{\theta} L(\theta, \theta^j)$$

3）若得到的参数 θ^{j+1} 满足条件则终止，否则继续 E 步。

1.6.2 高斯混合模型

EM 算法在混合高斯模型和隐马尔可夫模型训练中应用广泛，高斯混合模型主要描述复杂的概率密度，是由多个高斯分布组成的模型，其概率密度函数由多个高斯模型加权组成，是高斯模型的简单扩展。高斯混合模型的图模型盘式记法如图 1-6-2 所示。

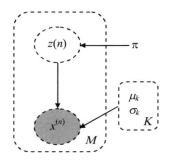

图 1-6-2 高斯混合模型

高斯分布作为经典的数据分布，其概率密度函数公式见式 1-6-4，在概率密度函数中如果已知参数项 σ 和 μ，则对于输入变量 x 得到的 $f(x)$ 表示其对应的发生概率值。

$$f(x \mid \mu, \sigma^2) = \frac{1}{\sqrt{2\sigma^2\pi}} e^{-\frac{(x-\mu)^2}{2\sigma^2}} \qquad 1\text{-}6\text{-}4$$

高斯混合模型采用多个高斯模型的加权和来刻画数据概率分布，其密度函数数学表达式见式 1-6-5，式中 $\phi(x)$ 为单个高斯模型，每个高斯模型都具有自己的参数项 σ 和 μ，也具有自己的权重参数 α，其中所有权重参数项之和为 1。

$$p(x;\theta) = \sum_{i=1}^{K} \alpha_i \phi(x;\theta_i) \qquad 1\text{-}6\text{-}5$$

EM 算法作为迭代算法，其迭代目标见式 1-6-6。高斯混合模型作为具有隐变量 Z 的模型，其求解参数采用 EM 算法，需要根据高斯混合模型对 EM 算法目标式中的 $p(X,Z|\theta)$ 和 $p(Z|X,\theta^{(t)})$ 进行定义。

$$\theta^{(t+1)} = \arg\max_{\theta} \int_{Z} p(X,Z \mid \theta) p(Z \mid X, \theta^{(t)}) \mathrm{d}Z \qquad 1\text{-}6\text{-}6$$

根据式 1-6-6 结合高斯混合模型则有

$$p(X,Z \mid \theta) = \prod_{i=1}^{n} p(x_i, z_i \mid \theta) = \prod_{i=1}^{n} p(x_i \mid z_i, \theta) p(z_i \mid \theta) = \prod_{i=1}^{n} \alpha_{z_i} N(\mu_{z_i}, \sigma_{z_i})$$

$$p(Z \mid X, \theta) = \prod_{i=1}^{n} p(z_i \mid x_i, \theta) = \prod_{i=1}^{n} \frac{p(x_i \mid z_i) p(z_i)}{\sum_{j=1}^{k} p(x_j \mid z_j) p(z_j)} = \prod_{i=1}^{n} \frac{\alpha_{z_i} N(\mu_{z_i}, \sigma_{z_i})}{\sum_{j=1}^{k} \alpha_j N(\mu_j, \sigma_j)}$$

式中，n 表示样本数，k 表示高斯混合模型具有的单高斯模型数。

最终对高斯混合模型参数采用 EM 算法进行 E 步求解，由于 E 步所求相当于隐变量 Z 在当前参数 θ 和观测变量下的期望值，则其 E 步所求公式见式 1-6-7，式中 γ_{jk} 代表第 j 个观测来自第 k 个分高斯模型的概率。

$$\gamma_{jk} = \frac{\alpha_k \phi(y_j \mid \theta_k)}{\sum_{k=1}^{K} \alpha_k \phi(y_j \mid \theta_k)} \qquad 1\text{-}6\text{-}7$$

根据式 1-6-7，可进一步得到高斯混合模型参数更新式，见式 1-6-8 至 1-6-10。实际中高斯混合模型对初始化参数预设非常敏感，实际中可采用 k-Means 做预训练，可获得较好的结果，然后再用高斯混合模型进行训练，进一步优化预测结果。

$$\mu_k = \frac{\sum_{j=1}^{N} \gamma_{jk} y_j}{\sum_{j=1}^{N} \gamma_{jk}} \qquad 1\text{-}6\text{-}8$$

$$\sigma_k^2 = \frac{\sum_{j=1}^{N} \gamma_{jk}(y_j - \mu_k)^2}{\sum_{j=1}^{N} \gamma_{jk}} \qquad 1\text{-}6\text{-}9$$

$$\alpha_k = \frac{\sum_{j=1}^{N} \gamma_{jk}}{N} \qquad 1\text{-}6\text{-}10$$

1.7 概率图模型

模型的概念定义宽泛，一般模型可以定义为对输入和输出关系的表达或实现，模型的内部实现机制算法往往较为复杂，也正是由于内部实现的机制刻画了输入和输出数据的变化关系，模型通常采用数学函数进行数学化表达，但是不同于函数一对一的规定关系表达，模型往往涉及更复杂的时间和空间关系。例如函数表达式 $y=f(x)$ 中对于特定 x 的输入往往获得特定的输出值 y，但是在算法模型中可能不同时间的输入 x 会得到不同的结果 y。模型表达的关系往往具有动态性和不确定性，不同的模型往往具有不同的影响因素，例如卷积神经网络 CNN 中，对模型的影响因素包含空间和卷积核（Kernels）等，即对于同一图像采用不同的卷积核会得到不同的卷积结果，此时模型的数学描述为 $y(s)=f(x(s))$，其中 s 为卷积核的大小。函数表达式是模型的数学简化形式，是一个特殊的模型，模型本质上反映了输入和输出之间的关系。数学建模的目的是让含蓄的关系进行表达。

现实中众多的随机变量一定程度上很难用确切的数学表达式来进行描述，而采用概率模型来进行描述则成为可能，通过概率模型一定程度上能够反映看似无序的数据变量间的有序关系。通过概率模型描述随机变量的概率密度分布，可以采用熟悉的高斯分布进行，高斯分布数学表达式见式 1-7-1，式中 x 为随机变量，参数 μ 和 σ 的取值确定了具体的概率分布，如果已知随机变量分布为高斯分布，则只需要确定其参数值 μ 和 σ。一般确定模型参数的方法首先是获得这个模型产生的部分样本，然后通过极大似然法或极大后验概率法得到使样本最可能出现的参数值。

$$p(x;\mu,\sigma^2) = \frac{1}{\sqrt{2\pi\sigma^2}}e^{-\frac{(x-\mu)^2}{2\sigma^2}} \qquad 1\text{-}7\text{-}1$$

现实中并非每个随机变量均存在能用公式描述的概率分布。当无法采用公式描述随机变量概率分布时，一般可以通过条件概率等形式进行描述，条件概率即假设多个随机变量之间存在一定的关系，通过计算某个随机变量在某些变量确定情形下的概率来描述关系。随机变量之间的依赖关系能够用图的形式进行直观简单的描述，通过图表达随机变量之间的依赖关系的模型即概率图模型（Probabilistic Graphical Model，PGM），也称为概率的图模型。现实问题中将随机变量作为节点，如果两个随机变量之间存在关联，则将二者连接为一条边，若给定若干随机变量，则形成一个有向图，即可构成一个网络。概率图模型形式上由图结构组成，图中的每个节点（node）都关联一个随机变量，而图的边（edge）被用于编码这些随机变量之间的关系。概率图模型融合了概率论和图论相关理论知识，通过图结构表示变量的联合概率分布，简洁地表现了变量之间的相互依赖关系。概率图模型中根据图结构中边是否有向能够将图的模式分为两大类算法，常见算法包括贝叶斯网络（Bayesian Networks）、马尔可夫网络（Markov Networks），其中贝叶斯网络中的图为有向无环图，图中节点间具有明确的依赖关系，贝叶斯网络也称为信任网络（Belief Networks）或条件随机场（Conditional Random Field，CRF）。马尔可夫网络又称为马尔可夫随机场，马尔夫网络为无向图，对于其图是否有环则没有过多要求。马尔可夫网络是非因果模型，主要应用于图像处理方面，可以对图像像素点之间的关系进行建模。

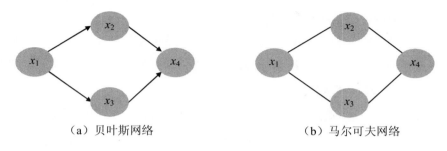

（a）贝叶斯网络　　　　　　　　　　　　（b）马尔可夫网络

图 1-7-1　概率图模型

概率图模型一般包括可观测变量、隐变量和参数。从频率学派的观点出发，计算隐变量分布的过程称为推断，计算参数的后验估计称为学习。为了便于理解，概率图模型盘式记法如图 1-7-2 所示，盘式记法（Plate Notation）是概率图模型的一种简洁、高效的表示方法。图 1-7-2 中 $X=\{x_1,x_2,...,x_N\}$ 为能观察到的变量，Z 为隐变量，盘式记法中相互独立且由相同机制产生的多个随机变量往往被放在一个方框中，N 表示变量出现的个数，图示中阴影填充的图形表示已知的能观察的随机变量。

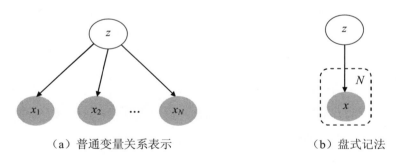

（a）普通变量关系表示　　　　　　　　　　（b）盘式记法

图 1-7-2　盘式记法图解

1.7.1　贝叶斯网络

概率论学派中包含频率学派和贝叶斯学派，两个学派对于概率中的不确定性都有自己的出发点和见解。长期以来频率学派的观点统治人们对于概率的认识，频率学派的特征是把需要推断的概率参数 θ 视作固定且未知的常数，而样本 X 是随机的，其着眼点在样本空间的研究，大部分的概率计算也都是针对样本 X 的分布。而贝叶斯学派则将概率参数 θ 视作一个随机变量，样本 X 是固定的，其着眼点在参数空间的分布，重视概率参数 θ 的分布，常用的求解模式是通过参数的先验分布结合样本信息得到参数的后验分布。

贝叶斯学派基本理论基础为贝叶斯定理，贝叶斯定理基本形式见式 1-7-2，式中 $p(A)$ 为先验概率（Prior），即在不确定 B 事件发生的前提下单纯对 A 事件发生概率的一个判断，例如待求 $p($下雨|乌云$)$ 的概率中先验概率 $p($下雨$)$ 即主观判断下雨的概率，一般我们通过往日的经验对各个天气进行统计可大致获得先验概率 $p($下雨$)$。式中 $p(B|A)/p(B)$ 为可能性函数，这是一个调整因子，能够对先验概率 $p($下雨$)$ 进行调整以更接近真实概率，是引入新信息后对先验概率的一个调整，显然当乌云事件发生时调整因子值大于 1，而当晴天事件发生时调整因子值小于 1，而当不相关的事件发生时调整因子失去作用取值为 1。$p(A|B)$ 称为 "后验概率"，表示在 B 事件发生之后，A 事件发生的概率。贝叶斯定理的核心思想是当我们需要估算某个事件 B 发生时事件 A 的发生概率，可以在主观判断的基础上先估计一个先验概率值 $p(A)$，然后根据观察的新信息（可能性函数）不断修正先验概率。

后验概率＝先验概率×可能性函数（调整因子）

$$p(A\mid B) = p(A)\frac{p(B\mid A)}{p(B)} \qquad 1\text{-}7\text{-}2$$

贝叶斯定理的理解还可以通过讨论 "盲人摸象" 问题进行说明。"盲人摸象" 是出自印度的寓言故事，这个故事讲的是一群盲人站在一头大象下，由于每个人都只能摸到大象不同的细节部位，因此没有一个人能准确判断出这是一头大象，如图 1-7-3 所示。"盲人摸象" 问题非常形象地刻画了采用概率论理解不确定世界的问题，假设盲人之间能够互相利用观察结果并具备一些先验尝试，则对于物体的最终猜测结果会非常接近大象。假设每个人对动物个体的认知为一个先验经验，这个经验可能根据日常所见所感某动物的频率得到，比如日常接触的鸡鸭鱼频率更高则其先验会高，而接触大象频率较低则其先验会低一点。当第一个人摸到的是尾巴（x_1），则根据贝叶斯公式定理可以得到 $p($大象|尾巴$)$ 的后验概率值。

$$p(大象 | 尾巴) = p(大象) \times \frac{p(尾巴 | 大象)}{p(尾巴)}$$

同理，当第二个人摸到大象的肚子（x_2）时，将第一个人的猜测作为经验进行猜测，其得到的 p(大象|尾巴，肚子)的后验概率值公式如下：

$$p(大象 | 尾巴，肚子) = p(大象) \times \frac{p(尾巴，肚子 | 大象)}{p(尾巴，肚子)}$$
$$= p(大象) \times \frac{p(尾巴 | 大象) \times p(肚子 | 大象)}{p(尾巴，肚子)}$$

同理，当第三个人摸到大象的鼻子（x_3）时，根据前面两个人的先验经验进行判断，判断结果 p(大象|尾巴，肚子，鼻子)的概率会较 p(牛|尾巴，肚子，鼻子)大。

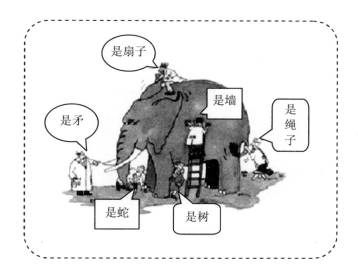

图 1-7-3　盲人摸象

贝叶斯定理作为机器学习的本质，其核心原理运用广泛，特别是在分类领域，其中朴素贝叶斯分类便是贝叶斯分类运用的经典，其在垃圾邮件分类和文本分类等领域取得了非常好的效果。上述"盲人摸象"问题亦是一个简单的分类问题，根据不同的特征对所摸物体进行分类，经过多人的判断最终得到后验概率 $p(y|x)$ 的值，其中 x 为特征，其取值为大象的各个部位，y 代表物体可为大象或牛等。

朴素贝叶斯分类器的运用广泛，其数学表示形式见式 1-7-3。朴素贝叶斯的朴素体现在其对各个条件的独立性假设上，加上独立假设后会大大减少参数假设空间，也减少了算法复杂性。

$$y = f(x) = \arg\max_{c_k} P(Y = c_k \mid X = x)$$

$$= \arg\max_{c_k} \frac{P(Y = c_k) \prod_j P(X^{(j)} = x^{(j)} \mid Y = c_k)}{\sum_k P(Y = c_k) \prod_j P(X^{(j)} = x^{(j)} \mid Y = c_k)} \qquad 1\text{-}7\text{-}3$$

$$= \arg\max_{c_k} P(Y = c_k) \prod_j P(X^{(j)} = x^{(j)} \mid Y = c_k)$$

贝叶斯网络的学习主要包括参数学习和结构学习两个部分，实践中能够通过样本数据集学习得到模型的参数和结构，其中参数学习是在已知贝叶斯结构的情况下学习得到各个变量的条件概率表（Conditional Probability Table，CPT），条件概率表定量描述了相互依赖的变量间的关系。一般参数学习的主要方法有最大似然估计法和贝叶斯估计（Bayesian Estimation）两种算法。最大似然估计法将实际概率看作频率的无限趋近，而贝叶斯估计则认为概率由先验知识和观测数据共同决定。

贝叶斯网络的结构学习是学习与数据集匹配度最高的网络，网络一定程度上能够反映各个节点之间的相互依赖关系，贝叶斯网络学习也只有在确定了网络结构后才能开展参数学习。贝叶斯网络结构学习也是当前贝叶斯网络研究的重点，目前相关学者和机构也针对贝叶斯结构学习开发了众多的工具箱，输入数据集后就能得到贝叶斯网络结构。由于贝叶斯参数学习较为简单，当前贝叶斯学习也指贝叶斯网络结构学习。贝叶斯网络结构学习假设当前获得的样本数据集是从一个未知确定分布 $p^*(X)$ 采样获得的，且满足独立同分布特征。当前贝叶斯网络结构学习主要可以分为基于评分搜索的方法和基于随机抽样的方法，基于评分搜索的方法中包括经典著名的 K2 算法。贝叶斯网络结构学习主要方法见表 1-7-1。

表 1-7-1　贝叶斯网络结构学习方法

方法	描述
基于评分搜索的方法	对评分函数和搜索策略进行选择，得到最优结构
基于约束（依赖分析或条件独立性测试）的方法	利用统计或信息论的方法定量地分析变量间的依赖关系
基于评分搜索和基于约束相结合的混合方法	典型算法 MMHC
基于随机抽样的方法	典型算法 MCMC

基于评分搜索的方法的主要思路是通过遍历所有网络可能存在的结构，并采用某个评价标准对每个网络结构进行评分，最后选择评分最高的网络结构。基于评分搜索的方法有两个问题需要解决：第一个问题是实际中面对的网络结构往往无穷大，很难全部进行遍历；第二个问题是设置怎样的评分函数才能最有效果。第一个网络结构遍历问题作为搜索最优解问题，实际中类似一个 NP-Hard 问题，针对 NP-Hard 问题一般可以采用启发式搜索算法进行最优解的搜索，常用启发式的搜索算法包括爬山法（Hill-Climbing，HC）、模拟退火（Simulated Annealing，SA）和演化算法（Evolutionary Algorithm，EA），其中演化算法是一大类算法，包括蚁群算法（Ant Colony Optimization，ACO）和遗传算法（Genetic Algorithm，GA）等。评分函数根据相关研究主要可以分为两类，一类是基于信息论的评分函数，另一类是贝叶斯评分函数，贝叶斯评分函数主要依赖于贝叶斯理论，即选择具有最大后验概率值的网络结构，如 K2 评分函数。

基于随机抽样的贝叶斯结构学习中最具有代表性的方法是 Madigan 等人将马尔可夫链蒙特卡洛（Markov Chain Monte Carlo，MCMC）方法。MCMC 方法的理论基础也是贝叶斯理论，其通过构建一条马尔可夫链使其平稳分布为待估计参数的后验分布，然后通过构建的这条马尔可夫链产生后验分布样本，并基于马尔可夫链达到平稳分布时的样本进行蒙特卡洛积分。

1.7.2 马尔可夫网络

马尔可夫过程（Markov Process）是一类随机过程，其定义来源于马尔可夫链，由俄国著名数学家马尔可夫于 1907 年提出。马尔可夫过程定义在目前状态下未来的变化不依赖于以往的条件而是由当前状态决定，马尔可夫过程中每个状态的转移只依赖于其之前的 n 个状态，这称为 n 阶马尔可夫模型，若 n 取值为 1 则为一阶过程，其每个状态的转移只依赖于之前的那个状态。一阶马尔可夫模型中第 i 时刻的取值只依赖于第 $i-1$ 时刻，其数学表达式见式 1-7-4。马尔可夫过程作为一个状态不断演变的随机过程，在实际问题中对其进行建模后则称为马尔可夫模型。实际中将随机变量作为节点构造一个有向图网络，若此图网络退化为线性链的方式展开，则称作马尔可夫模型；如果其线性链中的随机变量与时间或空间变化相关，则可视为一个马尔可夫过程。马尔可夫模型作为重要的统计模型，在众多 NLP 领域运用广泛，例如词性自动标注、语言识别和语音文字转化等。机器学习中众多的模型使用无向图模型来进行描述，例如对数线性模型、玻尔兹曼机、条件随机场和受限玻尔兹曼机。

$$p(x_i \mid x_{i-1}, x_{i-2}, ..., x_1) = p(x_i \mid x_{i-1}) \qquad 1\text{-}7\text{-}4$$

隐马尔可夫模型能够描述马尔可夫过程不能够描述的很多实际过程，例如在天气预测方面，无法直接观察到天气状态只能通过地面潮湿情况间接推断天气情况。隐马尔可夫模型中定义一个隐藏状态和能够观察的状态来对现实问题进行建模，例如在股票价格预测中股票市场中股价、成交量和资金净额等可视为可观测序列，将股价的上涨和下跌等视为状态序列值。一个完整的隐马尔可夫模型包括状态转移概率矩阵、观测概率矩阵和初始概率分布，这三者共同构成了隐马尔可夫模型的参数空间。隐马尔可夫模型一般需要解决三个基本问题：

（1）概率计算问题。在已知观测序列和隐马尔可夫参数的情况下如何计算出观测序列的概率，通常采用前向后向算法解决。

（2）学习问题。已知模型的观测序列来求得隐马尔可夫的参数以使出现观测序列的可能性最大化，通常采用 Baum-Welch 算法解决。

（3）解码问题。已知观测序列和参数的情况下，求得其相应的状态序列，通常采用 Viterbi 算法解决。

马尔可夫网络（马尔可夫随机场、无向图模型）定义为简单的无向图，如图 1-7-4 所示，图中各个节点之间的连接关系为双向对称，节点之间的相互关系一般采用势函数进行度量，简单势函数定义见式 1-7-5，式中两个节点 x_1 和 x_2 取值相同时，势函数值为 1.5，这说明节点更倾向于取得相同的值，即 x_1 和 x_2 节点取值呈现正相关。马尔可夫网络中的随机变量满足成对马尔可夫性、局部马尔可夫性和全局马尔可夫性，马尔可夫性是关于条件独立的一种方法。

$$\psi(x_1, x_2) = \begin{cases} 1.5, & x_1 = x_2 \\ 0.1, & \text{other} \end{cases} \qquad 1\text{-}7\text{-}5$$

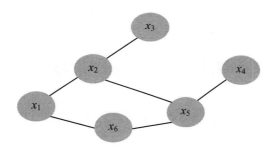

图 1-7-4　马尔可夫网络

条件随机场（Conditional Random Fields，CRF）是一种概率无向图模型，也是马尔可夫随机场的特例，其由 John D. Lafferty 结合最大熵模型和隐马尔可夫模型特点提出。条件随机场中最简单的特例是线性条件随机场（Linear-Chain CRF），线性条件随机场模型图如图 1-7-5 所示，其概率定义见式 1-7-6，式中 $f_l(x, y_t)$ 为状态特征。

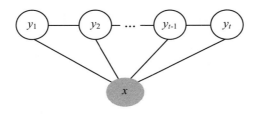

图 1-7-5　线性条件随机场

$$p(y\,|\,x;\theta) = \frac{1}{z(x;\theta)}\exp\left(\sum_{t=1}^{T}\theta_1^T f_1(x, y_t) + \sum_{t=1}^{T}\theta_2^T f_2(x_t, y_{t+1})\right) \qquad \text{1-7-6}$$

条件随机场定义概率分布模型 $p(Y|X)$，即在给定一组输入随机变量 X 的条件下，输出随机变量 Y 的马尔可夫随机场，其中输出变量 Y 构成马尔可夫随机场。条件随机场在词性标注和 NLP 分词中运用广泛，词性标注任务即给模型一个句子，然后模型需要标注各个单词的具体词性，词性包括名词、动词和形容词等。例如给定英文句子"Bob drank coffee at Starbucks"，则模型需要正确标注"Bob（名词）drank（动词）coffee（名词）at（介词）Starbucks（名词）"。条件随机场在词性标注问题中的建模主要分为三个步骤进行，即"构建特征函数""引入权重构建概率模型"和"权重学习"，词性标注本质上是多分类任务。

1.8　贝叶斯深度学习

深度学习是继机器学习后的又一类核心算法，随着机器学习的发展以及计算机算力的提升产生了两个重要的子领域——深度学习和强化学习，其中深度学习通过深度网络的构建实现了特征的自动提取，而强化学习则通过构造环境智能体之间的交互实现了决策推理的自动化。贝叶斯作为经典的概率论理论在众多算法中运用广泛，近年来随着深度学习的发展，以贝叶斯为基础的深度学习算法也逐渐崭露头角。贝叶斯神经网络和普通神经网络类似，它们的基本网络形式均为有向网络，网络训练过程中也需要反向传播进行优化，如图 1-8-1 所示。贝叶斯神经网络和普通神经网络的区别在于贝叶斯神经网络中的权重 w_i 和 b_i 由确定的值变成分布表示，贝叶斯神经网络中的权重能够看成服从均值为 μ 和方差为 σ 的一个高斯分布，每个权重服从不同的高斯分布，因此反向传播优化即调整均值和方差。贝叶斯网络在预测阶段需要从每个高斯分布中进行采样，以得到权重值，如果进行多次采样，则能够根据得到的多次预测结果取平均值作为最后的预测结果。

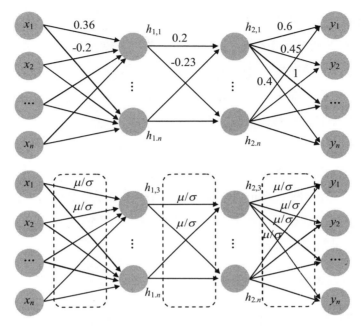

图 1-8-1　普通神经网络与贝叶斯神经网络

普通神经网络通过极大似然估计实现对网络参数的调整，整个网络模型极大似然估计公式见式 1-8-1。

$$w^{MLE} = \arg\max_{w} \log P(D \mid W) = \arg\max_{w} \sum_{i} \log P(y_i \mid x_i, w) \qquad 1\text{-}8\text{-}1$$

通过极大似然估计方法求解的网络很容易过拟合，因此需要引入参数 W 先验概率，实际中引入正则化，如 L2 正则化即对参数 W 设置先验概率。先验条件下求得的网络参数即最大后验概率，其公式见式 1-8-2，最大后验概率中需要求得参数 W，使得似然函数和先验概率两者均最大化。

$$w^{MAP} = \arg\max_{w} \log P(W \mid D) = \arg\max_{w} \log \frac{P(D \mid W) P(W)}{P(D)}$$
$$= \arg\max_{w} \log P(D \mid W) + \log P(W) \qquad 1\text{-}8\text{-}2$$

1.8.1　前向传播

典型神经网络可以看作复杂函数的形式，在给定具体数据 X 的情况下函数返

回具体的结果 Y, 其网络权重参数为确定数值。神经网络亦可以看作一个概率模型 $p(Y|X,w)$, 在分类任务中概率值 $p(Y|X,w)$ 代表属于类别 Y 的可能性大小, 在回归任务中, 将 $p(Y|X,w)$ 视为一个高斯分布, 将其均值作为预测值。神经网络亦可用概率进行表达, 假设存在训练数据集 $D=\{X,Y\}$, 则神经网络可表示为 $p(Y|X)$, 当输入具体数据 X 时得到具体 Y 的分布。

$$p(Y \mid X) = \int p(Y \mid X, w) d_w \qquad 1\text{-}8\text{-}3$$

神经网络根据自身权重 w 和输入 X 得到输出 Y, 这可以通过概率 $p(Y|X,w)$ 进行表示, 贝叶斯神经网络中 w 为一个分布, 实际需要根据已有的数据集 D 得到关于 w 的分布 $p(w|D)$, 获得了 $p(w|D)$ 就能够根据蒙特卡洛采样方法进行 m 次采样, 最后取采样结果的均值为 $p(Y|X)$。

1.8.2 反向传播

非贝叶斯神经网络的训练通过求导进行反向传播能够逐渐调整各个网络层的权重和偏置值, 但是贝叶斯神经网络中的权重和偏置为概率分布, 其网络训练任务即获得权重和偏置的分布, 网络训练首先需要定义其损失函数, 贝叶斯神经网络损失函数定义依赖于 $p(w|D)$, 实际中需要通过已知数据集求得网络参数, 由于 $p(w|D)$ 求解过程中参数项众多很难直接进行求解, 可以构造概率 $q(w|\theta)$, 使概率 $q(w|\theta)$ 和后验 $p(w|D)$ 接近, 则采用 KL 散度度量两个概率的差异, 度量公式见式 1-8-4。

$$\begin{aligned}\theta^* &= \arg\min_{\theta} KL[q(w \mid \theta) \| p(w \mid D)] \\ &= \arg\min_{\theta} \int q(w \mid \theta) \log \frac{q(w \mid \theta)}{p(w \mid D)} d_w\end{aligned} \qquad 1\text{-}8\text{-}4$$

根据贝叶斯定理且由于已有数据集, 则 $p(D)$ 为已知量, 对式 1-8-4 进行进一步推导得到式 1-8-5。

$$\begin{aligned}\theta^* &= \arg\min_{\theta} \int q(w \mid \theta) \log \frac{q(w \mid \theta)}{p(w) p(D \mid w)} d_w \\ &= \arg\min_{\theta} KL[q(w \mid \theta) \| p(w)] - \mathrm{E}_{q(w \mid \theta)} \log p(D \mid w)\end{aligned} \qquad 1\text{-}8\text{-}5$$

贝叶斯神经网络的损失函数定义为

$$loss(D,\theta) = KL[q(w|\theta) \| p(w)] - E_{q(w|\theta)} \log p(D|w)$$
$$= E_{q(w|\theta)} \log q(w|D) + E_{q(w|\theta)} \log p(w) - E_{q(w|\theta)} \log p(D|w)$$

1-8-6

得到了贝叶斯神经网络的损失函数，为了反向传播需要利用重参数化的技术进行参数更新。假设贝叶斯网络参数 W 总计含有 n 个参数项，则根据式 1-8-6 且结合无偏蒙特卡洛梯度得到近似损失函数值。

$$loss(D,\theta) \approx \sum_{i=1}^{n} \log q(w^{(i)}|D) + \log p(w^{(i)}) - \log p(D|w^{(i)})$$

1-8-7

然后根据高斯可变后验进行求解得到式 1-8-8，式中符号 $\odot$ 为 Hadamard 乘积，Hadamard 乘积 $A \odot B$ 表示对输入向量 A 乘以一个给定的 B 向量，即对应元素逐个相乘，式中 $\sigma = \log(1+\exp(\rho))$。

采样：$\varepsilon \sim N(0, I)$

$$\begin{cases} w = \mu + \sigma \odot \varepsilon \\ \theta = (\mu, \rho) \\ loss(w, \theta) = \log q(w|\theta) - \log p(w)p(D|w) \end{cases}$$

1-8-8

则先验 $p(w)$ 可以由两个均值为 0、标准差不为 0 的正态分布确定。

$$p(w) = \pi \mathcal{N}(w|0, \sigma_1^2) + (1-\pi) \mathcal{N}(w|0, \sigma_2^2)$$

1-8-9

1.9 MCMC

马尔可夫链蒙特卡罗采样方法理论依据为蒙特卡洛方法和马尔可夫链，蒙特卡洛方法（Monte Carlo Method）定义了一种基于采样的近似算法，其理论公式见式 1-9-1，式中 X 为所能直接观测的变量，Z 为隐变量。在众多的学习任务中得到某个概率的分布并不是直接目的，往往还需要基于这个概率分布进一步进行相关计算，例如求关于 $f(Z)$ 的期望值可以近似为通过采样隐变量 Z 并求 $f(Z)$ 的均值来实现。根据蒙特卡洛方法定义式可知，求取 $f(Z)$ 的期望一方面需要得到 Z 服从的概率分布 $p(Z|X)$，同时还需要一种采样方法采样得到最合适的 z_i，根据大数定律可知当 N 趋近于无穷大时，样本均值收敛于期望值。采样法在机器学习、深度学习和自然语言处理等领域都有广泛应用，是很多复杂算法求解的基础。当前主流的

采样方法包括拒绝采样、重要性采样和 MCMC，其中 MCMC 又可分为 M-H 采样和 Gibbs 采样。

$$E_{Z|X}[f(Z)] = \int_Z p(Z\,|\,X)f(Z)d_Z \approx \frac{1}{N}\sum_{i=1}^{N}f(z_i) \qquad 1\text{-}9\text{-}1$$

1.9.1　接收-拒绝采样

接收-拒绝采样（Acceptance-Rejection Sampling）中假设待采样分布 $p(x)$ 为一个复杂的形式难以直接进行采样，接收-拒绝采样方法则引入一个容易的采样分布 $q(x)$，且使得 $kq(x)$ 能够完全覆盖原分布 $p(x)$，$kq(x) \geqslant p(x)$，如图 1-9-1 所示。

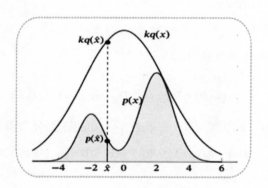

图 1-9-1　接收-拒绝采样

实际采样过程中针对每次抽取的样本 x_i，计算其接收率，接受率的数学表达式见式 1-9-2。采样过程中，对从均匀分布产生的随机数和接受率进行比较，当随机数小于接受率时，则接受采样否则拒绝采样。接受-拒绝采样算法中对于函数 $kq(x)$ 有一定的要求，当 $kq(x)$ 远远大于采样分布 $p(x)$ 时会导致采样效率的低下，因此构建合适的 $kq(x)$ 成为一个研究点。

$$\alpha(x) = \frac{p(x)}{kq(x)} \qquad 1\text{-}9\text{-}2$$

1.9.2　重要性采样

重要性采样（Importance Sampling）是在计算分布 $p(x)$ 下函数 $f(x)$ 的期望时常

用的采样方法，函数 $f(x)$ 基于分布 $p(x)$ 的分布见式 1-9-3，式中 $q(x)$ 为引入的一个便于采样的普通分布，$w(x)$ 为重要性权重。

$$
\begin{aligned}
E_{p(x)}[f(x)] &= \int_x f(x)p(x)\mathrm{d}x \\
&= \int_x f(x)\frac{p(x)}{q(x)}q(x)\mathrm{d}x \\
&= \int_x f(x)w(x)q(x)\mathrm{d}x \\
&= E_{q(x)}[f(x)w(x)]
\end{aligned}
\qquad\text{1-9-3}
$$

1.9.3 MCMC

马尔可夫链蒙特卡罗采样方法主要运用于解决高维空间中接收-拒绝采样和重要性采样方法效率较低的问题。假设 MCMC 采样的目的是获得概率分布 $p(x)$ 的样本，根据马尔可夫细致平稳条件推断，当马尔可夫链最终所在平稳分布 $\pi(x)$ 为待采样分布 $p(x)$ 时，此时得到的采样结果为目标采样点。马尔可夫平稳分布依赖于马尔可夫链的状态转移矩阵/状态转移分布 $p(x|x_t)$，因此，MCMC 方法的核心便是构造平稳分布 $p(x)$ 对应的状态转移分布 $p(x|x_t)$，MCMC 方法中通过引入一个较为简单、容易采样的分布 $q(x|x_t)$ 来近似 $p(x|x_t)$，因此在不断地采样过程中需要拒绝采样的思想来不断修正 $q(x|x_t)$，使得最终能够达到平稳分布 $p(x)$。一般情况下，目标平稳分布 $\pi(x)$ 和引入状态转移矩阵 $q(x|x_t)$ 不满足细致平稳条件，数学表达如下：

$$
\pi(x_t)q(x_{t+1}\,|\,x_t) \neq \pi(x_{t+1})q(x_t\,|\,x_{t+1})
$$

针对上述不满足细致平稳的条件，可通过引入接受率 $A(x_t, x_{t+1})$ 得到

$$
\pi(x_t)q(x_{t+1}\,|\,x_t)A(x_t, x_{t+1}) = \pi(x_{t+1})q(x_t\,|\,x_{t+1})A(x_{t+1}, x_t)
$$
$$
A(x_t, x_{t+1}) = \pi(x_{t+1})q(x_t\,|\,x_{t+1})
$$
$$
A(x_{t+1}, x_t) = \pi(x_t)q(x_{t+1}\,|\,x_t)
$$

则平稳分布 $\pi(x)$ 对应的状态转移矩阵 $p(x_{t+1}\,|\,x_t)$ 为

$$
p(x_{t+1}\,|\,x_t) = q(x_t\,|\,x_{t+1})A(x_t, x_{t+1})
$$

MCMC 采样过程需要预先定义状态转移矩阵 $q(x_{t+1}\,|\,x_t)$ 和平稳分布 $\pi(x)$，其中

平稳分布 $\pi(x)=p(x)$。循环采样过程中首先预设初始状态值 x_0，假设有 $q(x_{t+1}|x_t)=p(x_{t+1}|x_t)$，即得到了平稳分布 $\pi(x)$ 对应的马尔可夫链状态转移矩阵，则整个采样过程退化为马尔可夫链采样。马尔可夫链采样假设得到的采样分布见式 1-9-4，经过 n 轮采样后得到平稳分布 $\pi(x)$，则最终采样序列 $(x_n, x_{n+1}, x_{n+2}, ...)$ 即符合平稳分布 $\pi(x)$ 的对应样本集。

$$\pi_n(x) = \pi_{n+1}(x) = \pi_{n+2}(x) = ... = \pi(x) \qquad 1\text{-}9\text{-}4$$

实际过程中，平稳分布 $\pi(x)=p(x)$ 对应的状态转移分布 $p(x_{t+1}|x_t)$ 往往很难计算，则 MCMC 引入一个较容易采样的分布 $q(x_{t+1}|x_t)$ 进行修正，使最终采样得到的平稳分布为 $\pi(x)$。MCMC 采样过程中实际先通过 $q(x_{t+1}|x_t)$ 分布得到采样值 x_{t+1}，然后依据接受率定义式得到其接受率。MCMC 采样过程详细算法见算法 1-9-1。

算法 1-9-1（MCMC 算法）

输入：任意便于采样的状态转移矩阵 Q，平稳分布 $\pi(x)=p(x)$ 且 $p(x)$ 为算法采样目标分布，需要样本个数为 n_2，迭代阈值为 n_1。

输出：平稳分布 $\pi(x)$ 对应样本的样本集 $\{x_{n_1}, x_{n_2}, ..., x_{n_1+n_2-1}\}$。

（1）从任意简单分布采样得到初始化状态值 x_0。

（2）from $t=0$ to n_1+n_2-1：

1）从状态转移矩阵 $Q(x|x_t)$ 采样得到样本 x^*。

2）从均匀分布 uniform[0,1] 采样样本 u。

3）如果 $u<A(x_t, x^*)$ 则接受转移 x^*，否则不接受。

Metropolis-Hastings 算法（MH）是 MCMC 采样算法中广泛使用的方法，MH 采样算法针对 MCMC 进行了接受率函数的改进。由于原始 MCMC 采样算法计算得到的接受率往往很低，导致算法性能很低，因此 MH 算法引入新的接受率函数，新的接受率函数为

$$A(x_t, x_{t+1}) = \min(1, \frac{p(x_{t+1})q(x_t|x_{t+1})}{p(x_t)q(x_{t+1}|x_t)})$$

引入新的接受率函数后，马尔可夫链依然保持细致平稳条件，证明见式 1-9-5，式中状态转移概率 $p(x_{t+1}|x_t)$ 的马尔可夫平稳分布为 $p(x)$。

$$p(x_t)p(x_{t+1} \mid x_t) = p(x_t)q(x_{t+1} \mid x_t)A(x_t, x_{t+1})$$

$$= p(x_t)q(x_{t+1} \mid x_t)\min(1, \frac{p(x_{t+1})q(x_t \mid x_{t+1})}{p(x_t)q(x_{t+1} \mid x_t)})$$

$$= \min(p(x_t)q(x_{t+1} \mid x_t), p(x_{t+1})q(x_t \mid x_{t+1})) \qquad \text{1-9-5}$$

$$= p(x_{t+1})q(x_t \mid x_{t+1})\min(\frac{p(x_t)q(x_{t+1} \mid x_t)}{p(x_{t+1})q(x_t \mid x_{t+1})}, 1)$$

$$= p(x_{t+1})q(x_t \mid x_{t+1})A(x_t, x_{t+1})$$

如果选择的马尔可夫状态转移矩阵 $q(x_{t+1} \mid x_t)$ 是对称的，则接受率可进一步简化。

$$q(x_t \mid x_{t+1}) = q(x_{t+1} \mid x_t)$$

$$A(x_t, x_{t+1}) = \min\left(1, \frac{p(x_{t+1})}{p(x_t)}\right)$$

吉布斯采样（Gibbs Sampling）是一种能有效对高维空间的分布进行采样的 MCMC 算法，算是 MH 算法的一种特例。MH 算法作为常用的 MCMC 采样算法在高维时计算接受率需要较大的开销，因此会导致算法收敛时间较长。吉布斯采样算法假设一个 M 维度的随机变量 $X=[x_1, x_2, x_3, ..., x_M]$，吉布斯采样则依次对 M 个维度变量进行采样，采样过程如下：

$$x_1^{(1)} \sim p(x_1 \mid x_2^{(0)}, x_3^{(0)}, ..., x_M^{(0)})$$

$$x_2^{(1)} \sim p(x_2 \mid x_2^{(1)}, x_3^{(0)}, ..., x_M^{(0)})$$

$$\cdots\cdots$$

$$x_M^{(1)} \sim p(x_M \mid x_2^{(1)}, x_3^{(1)}, ..., x_{M-1}^{(1)})$$

$$\cdots\cdots$$

$$x_1^{(t)} \sim p(x_1 \mid x_2^{(t-1)}, x_3^{(t-1)}, ..., x_M^{(t-1)})$$

$$x_2^{(t)} \sim p(x_2 \mid x_1^{(t)}, x_3^{(t-1)}, ..., x_M^{(t-1)})$$

吉布斯每单步采样最终也构成一个马尔可夫链。

1.10　本章小结

机器学习是一个包含众多算法的概念，在众多的分类回归等任务中运用广泛。

机器学习由于其算法可解释性强，相对神经网络算法在具体任务中更具备较好的可信度，当前机器学习算法依旧是一个热门研究领域。本章基于典型机器学习算法体系分别介绍了决策树算法、聚类算法、链接分析相关算法、概率密度估计和概率图模型等算法，其中对于机器学习算法领域中的重点和难点也进行简要说明，如 MCMC 和 EM 算法等，同时针对当前深度学习的广泛运用，对于基于贝叶斯的深度学习方法也进行了简要介绍。

参考文献

[1] 周志华. 机器学习[M]. 北京：清华大学出版社，2017.

[2] 李航. 统计学习方法[M]. 北京：清华大学出版社，2019.

[3] J. Ross Quinlan. Induction of decision trees[J]. Machine Learning, 1986, 1(1): 81-106.

[4] J. Ross Quinlan. C4.5: Programs for Machine Learning[M]. San Francisco: Morgan Kaufmann, 1993.

[5] 王涛，孙志鹏，崔青，等. 基于分类决策树算法的电力变压器故障诊断研究[J]. 电气技术，2019，20（11）：16-19.

[6] 易正俊，赵品勇，辛巧，等. 数据挖掘与 R 语言[M]. 北京：清华大学出版社，2018.

[7] Wei Z, Nan M A. An Improved Post-Pruning Algorithm for Decision Tree[J]. Computer & Digital Engineering, 2015.

[8] Duda R O, Hart P E, Stork D G. Pattern classification[M]. 2nd edition. New York:John Wiley & Sons, 2001.

[9] 王朝霞. 数据挖掘[M]. 北京：电子工业出版社，2018.

[10] 曾庆丰，郭倩，张岚岚，等. 基于聚类算法的开放式创新社区领先用户识别方法[J]. 计算机集成制造系统，2019，25（11）：2943-2951.

[11] Weisstein, Eric W. "Laplacian Matrix." From MathWorld--A Wolfram Web Resource. https://mathworld.wolfram.com/LaplacianMatrix.html. (Accessed 2020)

[12] L. Page. The PageRank Citation Ranking: Bring Order to the Web [EB/OL]. Stanford Digital Libraries Working Paper. 1999.

[13] Jon M. Kleinberg. Authoritative sources in a hyperlinked environment[J]. Journal of the ACM, 1999, 46(5):604-632.

[14] 张俊林. 这就是搜索引擎核心技术详解[M]. 北京：电子工业出版社，2012.

[15] Cover T, Hart P. Nearest neighbor pattern classification[J]. IEEE transactions on information theory, 1967, 13(1):21-27.

[16] Do CB, Batzoglou S. What is the expectation maximization algorithm?[J]. Nature biotechnology, 2008, 26(8):8-9.

[17] 茆诗松. 贝叶斯统计[M]. 北京：中国统计出版社，1999.

[18] 韦来生，张伟平. 贝叶斯分析[M]. 合肥：中国科学技术大学出版社，2013.

[19] Spooner S. An essay towards solving a problem in the doctrine of chances[J]. Resonance, 2003:80-88.

[20] Nir Friedman, Geiger D, Goldszmidt M. Bayesian network classifiers[J]. Machine learning, 1997, 29(2-3):131-163.

[21] 胡春玲. 贝叶斯网络结构学习及其应用研究[D]. 合肥：合肥工业大学，2011.

[22] Lafferty J D, McCallum A, Pereira F C N. Conditional random fields: Probabilistic models for segmenting and labeling sequence data[C]//Proceedings of the Eighteenth International Conference on Machine Learning, 2001.

[23] Hao Wang, Yeung DY. A Survey on Bayesian Deep Learning[J]. ACM Computing Surveys (CSUR), 2020, 53(5): 1-37.

[24] Charles B, Cornebise J, Kavukcuoglu K, et al. Weight uncertainty in neural networks[DB/OL]. arXiv preprint arXiv: 1505.05424, 2015 May 20.

[25] 邱锡鹏. 神经网络与深度学习[M]. 北京：机械工业出版社，2020.

[26] Eric J, Polson NG, Rossi PE. Bayesian analysis of stochastic volatility models with fat-tails and correlated errors[J]. Journal of Econometrics, 2004, 122(1): 185-212.

[27] Metropolis N, Rosenbluth AW, Rosenbluth MN, et al. Equation of state

calculations by fast computing machines[J]. The journal of chemical physics. 1953, 21(6):1087-1092.

[28] Geman S, Geman D. Stochastic relaxation, Gibbs distributions, and the Bayesian restoration of images[J]. IEEE Transactions on pattern analysis and machine intelligence, 1984(6):721-741.

第 2 章　集成学习算法

2.1　集成学习概述

集成学习算法（Ensemble Learning）是机器学习领域一种流行的算法，通过集成若干个基学习器来提高最终学习效果。基学习器一般为弱学习器，弱学习器实际运用中要比强学习器更容易实现，通过集成学习可将弱学习器提升为强学习器。集成学习算法运用广泛，不仅可以运用于分类问题，在回归问题、特征选取和异常点检测等领域也都有运用。集成学习算法中包含 Bagging、Boosting 和 Stacking 三种常见的集成思想，三种常见集成思想图示如图 2-1-1 至图 2-1-3 所示。

（1）Bagging 集成思想是从训练集进行抽样组成单个基学习器所需的子训练集，最终对所有基学习器结果进行综合判断形成最终学习结果。Bagging 集成思想中个体学习器之间不存在强依赖关系，Bagging 集成思想中的随机森林算法运用最为广泛。

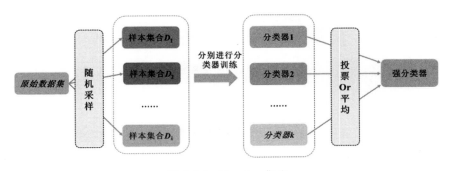

图 2-1-1　Bagging 集成

（2）Boosting 集成思想在众多的人工智能比赛中运用广泛，Boosting 集成思想通过让参与训练的基学习器按照序列生成，每一轮迭代产生一个个体学习器。

Boosting 集成思想中个体学习器之间存在强依赖关系，常见的 Boosting 集成算法包括 AdaBoost 算法、GBDT 算法、XGBoost 算法和 Light GBM 算法等。

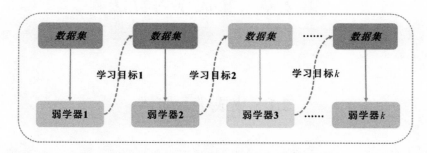

图 2-1-2   Boosting 集成

（3）Stacking 集成思想是训练一个模型用于组合其他各个模型，首先训练多个不同的基模型，然后把训练的各个基模型的输出作为输入来训练一个新的模型，以此得到一个最终的输出。

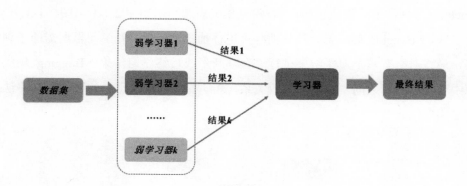

图 2-1-3   Stacking 集成

2.2   随机森林算法

2001 年 Breiman 将分类回归树（CART）和 Bagging 集成思想进行了结合，从而提出随机森林算法（Random Forest，RF）。随机森林算法通过有放回地从原始样本数据集中随机抽取部分样本组成训练样本，从而对基学习器进行训练，并重复直至生成多个决策树基学习器。对于预测数据集，其最终预测结果由多棵决策树采用投票法产生。如果为分类任务则采用选择投票法得到最终分类结果，回归任务中一般选择平均值作为最终预测值。随机森林分类任务算法如图 2-2-1 所示，图中首先利用 boostrap 抽样从原始样本中抽取 k 个样本集，每个样本集样本容量和原始训练集一样。

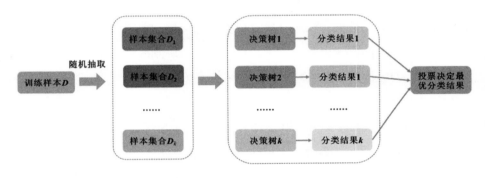

图 2-2-1　随机森林分类算法

典型的随机森林算法流程描述见算法 2-2-1。

算法 2-2-1（随机森林算法）

输入：样本数据集 D。

输出：分类或回归结果。

（1）生成数据集。首先有放回地在原始数据集中抽取 K 个训练样本集，每个样本集的数量与原始样本集的个数相同。

（2）属性选择。从样本的 M 个属性集中随机选择 m 个属性（$m \ll M$），选择的 m 个属性作为 CART 决策树分裂依据。

（3）训练单棵树。对选取的 K 个训练样本集进行学习，每个样本集生成一个 CART 决策树。

（4）综合 K 个决策树的学习结果，得到最终分类或回归结果。

随机森林算法作为简单的 Bagging 集成思想的实现，近年来也涌现了一些更加优秀的变种算法，其中主要以 Extra Tree 算法、TRTE 算法和 IForest 算法为主。Extra Tree 算法的原理和随机森林算法一样，但是 Extra Tree 算法每个子决策树不会随机采样原数据，而是采用原始数据集进行训练，同时 Extra Tree 算法会随机选择一个特征值来划分决策树，而不是在随机森林中根据信息增益等来选择最优特征值。Extra Tree 算法构建的决策树规模往往大于随机森林的决策树，同时 Extra Tree 算法的方差会减小，泛化能力较随机森林更强。

TRTE（Totally Random Tree Embedding）算法是一种非监督的数据转换方式，可以将低维数据映射到高维，也可以对高维数据进行降维。TRTE 算法通过建立若干决策树来拟合原数据，当所有决策树构建完毕后，数据集中每个数据在决策树上最终叶子节点的位置也就固定了，最后通过二进制编码可以将位置信息转换为向量信息，即完成数据转换。

IForest（Isolation Forest）算法作为一种异常点/离群点检测算法运用广泛。IForest 在随机采样过程中只需要少量的数据，在决策树构建中 IForest 算法随机选择样本特征和划分阈值。IForest 构建的决策树一般深度较小，因为其主要用于异常点的检测，往往只需要少量的数据和简单的树结构即可胜任。IForest 算法中预测数据叶子节点的深度越深，异常点的概率越小，树平均深度越浅，异常值的概率就越大。

2.3 Boosting 算法

Boosting 算法是统计学中常见的方法且运用广泛。Boosting 算法通过线性结合多个弱学习器来提高整体学习器的性能，一方面弱学习器作为基学习器降低了训练难度，另一方面多个弱学习器的线性组合往往会得到强学习器，让模型具备较好的性能。Boosting 算法一般需要解决两个核心问题：一个是每一轮迭代中如何改变训练数据的权值或概率分布，另一个是如何将弱分类器组合成一个强学习器。在 AdaBoost 算法中通过提高错误分类样本的权值和降低正确分类样本的权值实现训练数据权值的改变，同时采用加权多数表决的方法进行多个弱分类器的组合，提升方法实际采用加法模型（即基函数的线性组合）与前向分步算法。

2.3.1 加法模型

多个弱学习器结合成最终强学习器，其数学模型可表达为"加法模型"，加法模型是通过线性组合每个弱学习器来构建最终模型，其数学表达式见式 2-3-1。式中 $b(x;\gamma_m)$ 为弱学习器，γ_m 为弱学习器参数，β_m 为弱学习器权重值。

$$f(x) = \sum_{m=1}^{M} \beta_m b(x;\gamma_m) \qquad 2\text{-}3\text{-}1$$

假设给定训练数据 $T = \{(x_1,y_1), (x_2, y_2), ..., (x_N, y_N)\}$ 和损失函数 $L(y,f(x))$，以上加法模型建模的目的是求得加法模型中的参数 β_m 和 γ_m，让损失函数最小化，其数学表达式见式 2-3-2。

$$\min_{\beta_m,\gamma_m} \sum_{i=1}^{N} L[y_i, \sum_{m=1}^{M} \beta_m b(x_i;\gamma_m)] \qquad 2\text{-}3\text{-}2$$

由式 2-3-2 可知，要计算得到每个弱学习器的参数 β_m 和 γ_m，这是一个非常复杂的过程，所以为了方便求解引入前向分布算法，前向分布算法的主要思想是每一步都只确定一个弱学习器的参数 β 和 γ，逐渐近似优化目标。

2.3.2 前向分布算法

由于前向分布算法每一步只需要确定一个弱学习器的参数 β 和 γ，则式 2-3-2 就转化为式 2-3-3，式中 N 是训练数据集样本数。

$$\min_{\beta,\gamma} \sum_{i=1}^{N} L(y_i, \beta b(x_i;\gamma)) \qquad 2\text{-}3\text{-}3$$

则典型前向分布算法计算详细步骤见算法 2-3-1。

算法 2-3-1（前向分布算法）

输入：训练数据集 $T = \{(x_1,y_1), (x_2, y_2), ..., (x_N, y_N)\}$；损失函数 $L(y,f(x))$。

输出：加法模型 $f(x)$。

（1）初始化基学习器 $f_0(x)=0$。

1）对 $m=1,2,...,M$ 极小化损失函数，得到参数 β_m 和 γ_m。

$$(\beta_m, \gamma_m) = \arg\min_{\beta, \gamma} \sum_{i=1}^{N} L(y_i, f_{m-1}(x_i) + \beta b(x_i; \gamma))$$

2）更新模型

$$f_m(x) = f_{m-1}(x) + \beta_m b(x; \gamma_m)$$

（2）得到最终加法模型

$$f(x) = f_M(x) = \sum_{m=1}^{M} \beta_m b(x; \gamma_m)$$

以上通过不断迭代每次求得一个弱学习器的参数 β 和 γ，从而求得加法模型。Boosting 算法中的典型 AdaBoost 算法可理解为模型为加法模型，损失函数为指数函数，学习优化算法为前向分布算法的分类学习方法，而提升树算法也可视为加法模型和前向分布算法的结合，其基学习器为 CART 树。

2.4　AdaBoost 算法

AdaBoost 算法是 1995 年由 Freund 和 Schapire 提出的经典 Boosting 集成思想。AdaBoost 算法将多个弱分类器进行合理的结合，从而形成一个强分类器，AdaBoost 采用迭代的思想，每次迭代只训练一个弱分类器，假设在第 N 次迭代中，前面 $N-1$ 个弱分类器已经训练完成，本次训练第 N 个弱分类器的目的是正确分类前面 $N-1$ 个弱分类器分类错误的数据。训练好的弱分类器将参与下一次迭代，前一轮迭代弱学习器的误差率将用来更新训练集的权重，这样一轮轮通过不断的迭代，不断地修改样本权重和弱分类器权重，直至获得强分类器。AdaBoost 算法中弱学习器一般采用单层决策树（单节点树结构），即便训练数据中包含多个维度特征，单层决策树也只是选择其中一个特征进行决策。AdaBoost 算法中包含两种权重值：一类是训练数据的权重；另一类是弱分类器的权重，弱分类器权重越大说明该弱分类器在最终决策时拥有的发言权越大。

AdaBoost 算法实现过程中，首先根据训练样本数据集初始化样本权重，因为 AdaBoost 每轮弱学习器都会调整样本权重，即正确分类样本权重降低，而错误分类样本权重增加。假设 D_1 代表样本数据集的权重集合，N 代表样本个数，ω 则是

样本权重，初始化样本权重一般设置为

$$D_1 = (\omega_{1,1}, \omega_{1,2}, \ldots, \omega_{1,N})$$

$$\omega_{1,i} = \frac{1}{N}, \quad i = 1, 2, \ldots, N$$

初始化权重之后，将首次进行弱分类器的训练。AdaBoost 利用单层决策树对训练样本进行分类，并选择具有最小分类误差率的分割阈值作为决策树节点划分依据。同时根据式 2-4-1 和式 2-4-2 计算得到弱分类器的分类误差率 e_m 和弱分类器在最终分类器中的权重 a_m，其中 $G_m(x_i)$ 表示弱分类器对于特征 x_i 得到的结果。

$$e_m = P(G_m(x_i) \neq y_i) = \sum_{i=1}^{N} \omega_{m,i} \times I(G_m(x_i) \neq y_i) \qquad \text{2-4-1}$$

$$a_m = \frac{1}{2} \log \frac{1 - e_m}{e_m} \qquad \text{2-4-2}$$

弱分类器确定之后，需要对训练数据集权重进行调整，调整原则是已能正确分类的训练数据权重要降低，错误分类的数据权重升高，权重升高意味着提升关注度，需要重点优化。样本权重优化公式见式 2-4-3 和式 2-4-4，其中 Z_m 是归一化因子。

正确分类样本：
$$\omega_{m+1,i} = \frac{\omega_{m,i}}{Z_m} e^{(-a_m)}, \quad i = 1, 2, \ldots, N \qquad \text{2-4-3}$$

错误分类样本：
$$\omega_{m+1,i} = \frac{\omega_{m,i}}{Z_m} e^{(a_m)}, \quad i = 1, 2, \ldots, N \qquad \text{2-4-4}$$

最终得到分类器见式 2-4-4，其中 $G_m(x)$ 为得到的弱分类器，a_m 是其权重值。

$$f(x) = \sum_{m=1}^{M} a_m G_m(x) \qquad \text{2-4-5}$$

AdaBoost 算法有众多特性，其中优缺点主要包括四点：

（1）AdaBoost 算法不会出现过拟合的现象，只会到达一个最小值后趋于稳定，如果出现过拟合则可能数据存在问题。

（2）AdaBoost 算法泛化能力较好，对新数据样本的适应能力强。

（3）AdaBoost 算法随着迭代次数的增加，错误率上限会逐渐降低，即随着迭代次数增加算法准确率增高。

（4）AdaBoost 算法对异常样本敏感，异常样本在迭代中会获得较高权重，从而影响最终学习器效果。

AdaBoost 算法运用于二分类任务中的流程见算法 2-4-1，其弱分类器定义为 $f_m(x) \in \{+1, -1\}$。

算法 2-4-1（AdaBoost 算法二分类任务）

输入：训练数据集 $D = \{(x_1, y_1), (x_2, y_2), ..., (x_N, y_N)\}$，迭代次数 M。

输出：分类器 $F(x)$。

（1）初始样本权重。

（2）for $m=1$ to M：

1）根据样本集权重 $W_m = \{w^{(1)}, ..., w^{(N)}\}$，学习弱分类器 f_m。

2）计算弱分类器 f_m 在数据集上的错误率 e_m。

3）计算分类器权重

$$\alpha_m \leftarrow \frac{1}{2} \log \frac{1 - e_m}{e_m}$$

4）样本权重更新

$$w_{m+1}^{(n)} \leftarrow w_m^{(n)} \exp(-\alpha_m y^{(n)} f_m(x^{(n)}))$$

2.5　梯度提升算法

梯度提升算法（Gradient Boosting Decision Tree，GBDT）是决策树（Decision Tree）和梯度提升（Gradient Boosting）的组合，GBDT 算法因其出色的特征自动组合能力和高效的运算促使其运用非常广泛，GBDT 中采用的 CART 回归树，主要用来做回归预测，但是经过调整后可用于分类任务。GBDT 的核心原理是每一棵树学的是之前所有树结果和的残差，这个残差就是一个加预测值后能得真实值的累加量。例如：A 的真实年龄是 18 岁，但第一棵树的预测年龄是 12 岁，差了 6 岁，即残差为 6 岁，那么在第二棵树里把 A 的年龄设为 6 岁去学习；如果第二棵树真的能把 A 分到 6 岁的叶子节点，那累加两棵树的结论就是 A 的真实年龄；

如果第二棵树的结论是 5 岁，则 A 仍然存在 1 岁的残差，第三棵树里 A 的年龄就变成 1 岁，继续学习。

2.5.1 梯度下降提升

梯度下降算法（Gradient Descent）是广泛运用于神经网络进行参数学习的优化算法，神经网络求解最优网络参数时，通过定义损失函数并梯度下降不断调整参数逼近最优解。梯度下降算法是在模型参数空间进行最优参数的搜索，其损失函数和优化迭代规则定义见式 2-5-1 和式 2-5-2，梯度下降算法目前存在三种形式：批量梯度下降、随机梯度下降和小批量梯度下降。

$$Loss = \sum_t loss(y_t, f(x_t)) \qquad 2\text{-}5\text{-}1$$

$$\theta_t = \theta_{t-1} + \alpha_t \nabla \theta_t \qquad 2\text{-}5\text{-}2$$

一般提升算法依赖于加法模型进行建模，可以通过前向分布算法进行逐步优化求解最优参数，当损失函数为平方误差或指数损失函数时，其运算过程简单，而对于一般的损失函数，每一步优化却变得不那么容易。因此，Freidman 提出了梯度提升算法让加法模型推广至众多一般损失函数，通过引入梯度提升算法来求解每轮迭代最优参数。梯度提升算法利用最速梯度下降的近似方法来实现，关键是利用损失函数的负梯度在当前模型的值作为回归问题提升树算法中的残差的近似值，拟合一个回归树。梯度提升借鉴梯度下降算法中通过构建损失函数 $L(\theta)$，对 θ 不断调整以求得损失函数最小化的 $\theta*$，梯度下降算法中的更新公式如下：

$$\theta_t = \theta_{t-1} - \alpha \frac{\partial L(\theta_{t-1})}{\partial \theta_{t-1}}$$

$$f(x) \approx f(x_{t-1}) + f'(x_{t-1})(x - x_{t-1}) + \frac{f'(x_{t-1})}{2}(x - x_{t-1})^2$$

受参数空间启发，上式扩展到函数空间中。梯度提升算法在每一轮迭代中，基于加法模型假设已经进行第 $t-1$ 轮迭代，现在第 t 轮迭代中已经确定 $F_{t-1}(x)$，第 t 轮迭代的目的即确定 $f_t(x)$。

$$F_t(x) = F_{t-1}(x) + f_t(x)$$

在第 t 轮中期望能够找到一个 $f_t(x)$（GBDT 算法是一个合适的 CART 树），能够使损失函数 $L(y, F_t(x))$ 最小，所以 $F(x)$ 需要沿着使损失函数减小的方向变化，这里 $F(x)$ 可以理解为梯度下降中的参数 θ，整个加法模型迭代运算过程可以理解为对 $F(x)$ 不断地进行调整，以获得最小损失。

$$F(x_1) = F(x) - \frac{\partial L(y, F(x))}{\partial F(x)}$$

同时，由于最新学习器 $F_t(x)$ 是由 $F_{t-1}(x)$ 和当前所得回归树 T_1 得到的，$F_t(x) = F_{t-1}(x) + T_1$。因此，为了让损失函数减小，则得

$$T_1 = f_t(x) = -\frac{\partial L(y, F(x))}{\partial F(x)}$$

以上即可用损失函数对 $F(x)$ 的负梯度来拟合回归树，当损失函数为平分和损失函数时，其损失函数负梯度值即为残差。

2.5.2 GBDT

GBDT 算法中假设已经获得一个弱学习器 $f_{t-1}(x)$，损失函数为 $L(y, f_{t-1}(x))$，在第 t 轮的迭代中需要找到一个 CART 回归树模型 $h_t(x)$，让损失函数 $L(y, f_t(x))$ 具有最小值，其中 $f_t(x) = f_{t-1}(x) + h_t(x)$。GBDT 算法中将损失函数的负梯度值近似为本轮损失函数的近似值，即损失函数负梯度值 $\approx$ 本轮损失。式 2-5-3 为第 t 轮中第 i 个样本的损失函数负梯度值。

$$r_{ti} = -\left[\frac{\partial L(y_i, f(x_i))}{\partial f(x_i)} \right]_{f(x) = f_{t-1}(x)} \qquad 2\text{-}5\text{-}3$$

此时基于原训练样本数据集 (x_i, y_i) 构建数据集 (x_i, r_{ti})，同时以 (x_i, r_{ti}) 为基础构建第 t 棵 CART 回归树，得到的 CART 回归树中假设叶子节点 R_{tj}，其中 j 为叶子节点总数。根据典型回归树中叶子节点对应数据处理方法，每个叶子节点输出值 c_{tj} 表达式见式 2-5-4，即需要通过第 t 棵 CART 回归树得到的值最终和标准值 y_i 的误差最小。

$$c_{tj} = \underset{c}{\arg\min} \sum_{x_i \in R_{tj}} L(y_i, f_{t-1}(x_i) + c) \qquad 2\text{-}5\text{-}4$$

则第 t 轮最终得到的强学习器表达式为

$$h_t(x) = \sum_{j=1}^{J} c_{tj} I \quad (x \in R_{tj})$$

$$f_t(x) = f_{t-1}(x) + \sum_{j=1}^{J} c_{tj} I \quad (x \in R_{tj})$$

梯度提升算法回归流程见算法 2-5-1。

算法 2-5-1（GBDT 回归算法）

输入：训练样本 $D = (x_m, y_m)$，最大迭代次数 T，损失函数 L。

输出：学习器 $f(x)$。

（1）初始化弱学习器

$$f_0(x) = \underset{c}{\arg\min} \sum_{i=1}^{m} L(y_i, c)$$

（2）for t=0 to T：

1）计算每个样本负梯度 r_{ti} 得到数据 (x_i, r_{ti})（i=1,2,...,m）

$$r_{ti} = -\left[\frac{\partial L(y_i, f(x_i))}{\partial f(x_i)} \right]_{f(x)=f_{t-1}(x)}$$

2）利用 (x_i, r_{ti}) 拟合一棵 CART 回归树，叶子节点区域为 R_{tj}（j 为叶子节点序列）。

3）计算叶子节点最佳拟合值

$$c_{tj} = \underset{c}{\arg\min} \sum_{x_i \in R_{tj}} L(y_i, f_{t-1}(x_i) + c)$$

4）更新学习器

$$f_t(x) = f_{t-1}(x) + \sum_{j=1}^{J} c_{tj} I \quad (x \in R_{tj})$$

（3）得到强学习器 $f(x)$

$$f(x) = f_T(x) = f_0(x) + \sum_{t=1}^{T} \sum_{j=1}^{J} c_{tj} I \quad (x \in R_{tj})$$

2.6 XGBoost 算法

XGBoost（Extreme Gradient Boosting，极端梯度提升）算法是 GBDT 算法的改进版，可用于分类问题的解决也可用于回归问题的解决。XGBoost 算法可以算作 GBDT 的一种高效的实现，里面加入了很多新的思路和方法，在理论上较 GBDT 算法有了某些方面的改进。XGBoost 算法建模一样是加法模型，其数学公式见式 2-6-1，式中第 t 次迭代得到的树模型为 $f_t(x)$。

$$\hat{y}_i^{(t)} = \sum_{k=1}^{t} f_k(x_i) = \hat{y}_i^{(t-1)} + f_t(x_i) \qquad 2\text{-}6\text{-}1$$

2.6.1 XGBoost 原理

（1）目标函数选择。XGBoost 算法定义目标函数中引入了关于树结构的正则项防止模型过拟合，其数学表达式见式 2-6-2，式中 n 表示训练样本数。由于已经进行到第 t 轮迭代，因此式中未知变量为 $f_t(x)$，其中 $f_t(x_i)$ 为样本 x_i 在本轮模型的结果值，$\Omega(f_t)$ 为当前模型的正则化度量。

$$\begin{aligned} Obj^{(t)} &= \sum_{i=1}^{n} l(y_i, \hat{y}_i^{(t)}) + \sum_{k=1}^{t} \Omega(f_k) \\ &= \sum_{i=1}^{n} l(y_i, \hat{y}_i^{(t-1)} + f_t(x_i)) + cons\tan t + \Omega(f_t) \end{aligned} \qquad 2\text{-}6\text{-}2$$

其中 $\Omega(f_k)$ 有：

$$\Omega(f_k) = \gamma T + \frac{1}{2} \gamma \sum_{j=1}^{T} w_j^2$$

对上式引入二阶泰勒公式可得

$$\begin{cases} f(x+\Delta x) \approx f(x) + f'(x)\Delta x + \frac{1}{2}f''(x)\Delta x^2 \\ l(y_i, \hat{y}_i^{(t-1)} + f_t(x_i)) \approx l(y_i, \hat{y}_i^{(t-1)}) + g_i f_t(x_i) + \frac{1}{2}h_i f_t^2(x_i) \\ g_i = \frac{\partial l(y_i, \hat{y}_i^{(t-1)})}{\partial \hat{y}_i^{(t-1)}} = -2(y_i - \hat{y}_i^{(t-1)}) \\ h_i = \frac{\partial^2 l(y_i, \hat{y}_i^{(t-1)})}{\partial (\hat{y}_i^{(t-1)})^2} = 2 \end{cases} \qquad 2\text{-}6\text{-}3$$

则目标函数有

$$Obj^{(t)} = \sum_{i=1}^{n} l(y_i, \hat{y}_i^{(t-1)} + f_t(x_i)) + cons\tan t + \Omega(f_t)$$

$$\approx \sum_{i=1}^{n} [l(y_i, \hat{y}_i^{(t-1)}) + g_i f_t(x_i) + \frac{1}{2}h_i f_t^2(x_i)] + cons\tan t + \Omega(f_t)$$

上式由于部分为已知量,则去掉全部已知量后得到的目标函数为

$$Obj^{(t)} \approx \sum_{i=1}^{n} [g_i f_t(x_i) + \frac{1}{2}h_i f_t^2(x_i)] + \Omega(f_t) \qquad 2\text{-}6\text{-}4$$

由式 2-6-4 可知,在第 t 轮迭代中我们需要得到 $f_t(x)$ 时,需要求出 g_i 和 h_i,而 g_i 和 h_i 的值为损失函数的一阶导数和二阶导数,能够根据式 2-6-3 求得。代入式 2-6-4,然后最优化目标函数,得到第 t 步的 $f_t(x)$。

XGBoost 模型基学习器不仅支持决策树,还支持线性模型。假设基学习器为决策树 $f_t(w) = w_{q(x)}$,w 为叶子节点权重值,则 XGBoost 的目标函数为式 2-6-5,式中第二项至第三项的转换是从单个样本至单个叶子节点的转变。

$$\begin{aligned} Obj^{(t)} &\approx \sum_{i=1}^{n} \left[g_i f_t(x_i) + \frac{1}{2}h_i f_t^2(x_i) \right] + \Omega(f_t) \\ &= \sum_{i=1}^{n} \left[g_i w_{q(x_i)} + \frac{1}{2}h_i w_{q(x_i)}^2 \right] + \gamma T + \frac{1}{2}\lambda \sum_{j=1}^{T} w_j^2 \\ &= \sum_{j=1}^{T} \left[(\sum_{i \in I_j} g_i)w_j + \frac{1}{2}(\sum_{i \in I_j} h_i + \lambda)w_j^2 \right] + \gamma T \end{aligned} \qquad 2\text{-}6\text{-}5$$

若用 G_j 代表叶子节点 j 所含样本的一阶偏导数累加和,H_j 是叶子节点 j 所包

含的二阶偏导数累加和，则目标函数为式 2-6-6，式中 H_j 和 G_j 可以根据前 $t-1$ 步求得。

$$Obj^{(t)} = \sum_{j=1}^{T} \left[G_j w_j + \frac{1}{2} (H_j + \lambda) w_j^2 \right] + \gamma T \qquad 2\text{-}6\text{-}6$$

根据式可知，各个叶子节点的目标子式是相互独立的，即每个叶子节点的子式都达到最值点时，整个目标函数 $Obj^{(t)}$ 能达到最大值。要求单个叶子节点的最值，可对 w_j 求一阶导数并令其为 0，则叶子节点 j 的对应权值为

$$w^* = -\frac{G_j}{H_j + \lambda}$$

则 XGBoost 中目标函数简化为

$$Obj = -\frac{1}{2} \sum_{j=1}^{T} \frac{G_j^2}{H_j + \lambda} + \gamma T$$

XGBoost 算法每次迭代的直观过程可用图 2-6-1 进行描述，我们根据 $t-1$ 次迭代过程能够获取一阶偏导数 g 和二阶偏导数 h 的值，在第 t 轮中我们所需要得到的子树结构需要满足目标函数 Obj 具有最小值。

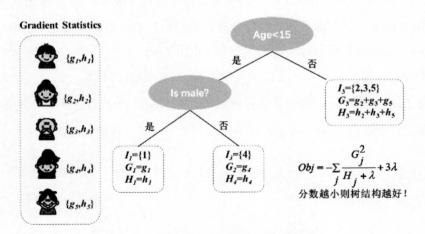

图 2-6-1　XGBoost 目标函数计算过程图

（2）树节点最优切分方法。在建立一棵树的时候，最重要的是对树中节点的划分，如何找到一个最优的切分点是 XGBoost 算法中需要考虑的重点，XGBoost

算法提供两种分裂节点的方法：第一种是大众熟悉的贪心算法，第二种是近似算法。贪心算法理解简单，其对于待分裂节点面临的所有可用特征进行穷举，然后对每个节点的特征数值进行排序，从而计算每个特征数值下分裂得到的分裂收益，最后取分裂收益最大的特征值作为分裂标准，贪心算法枚举了所有特征可能的分割方案。某一节点分裂收益见式 2-6-7，XGBoost 实现中分裂收益也作为评价特征重要性的一种度量，即某个特征产生的收益越多其重要性就越高。

分裂前：
$$Obj_1 = -\frac{1}{2}\left[\frac{(G_L + G_R)^2}{H_L + H_R + \lambda}\right] + \gamma$$

分裂后：
$$Obj_2 = -\frac{1}{2}\left[\frac{(G_L)^2}{H_L + \lambda} + \frac{(G_R)^2}{H_R + \lambda}\right] + 2\gamma$$

分裂收益：
$$Gain = Obj_1 - Obj_2 \qquad\qquad 2\text{-}6\text{-}7$$

近似算法适用于数据量太大时贪心算法使用成本较高的场景。近似算法根据特征分布的分位数（例如三分位数，则以样本数量的三分之一为间隔区间）确定候选分位点，分位点的确定将连续型特征划分为众多小区间，即将连续型特征映射到每个区间桶中，然后对每个桶累加样本一阶偏导和二阶偏导得到分裂收益，从而可以选择最佳切分点。近似算法中 Global 策略和 Local 策略如下：

（1）Local：每次树分裂前将重新确定候选切分点。

（2）Global：学习每棵树前就提出候选切分点，并在每次分裂时都采用这个分位数。

Global 策略在候选点数较多（eps=0.05）时可以和 Local 策略在候选点数较少（eps=0.3）时有相似的精度。树节点最优切分近似的详细算法见算法 2-6-1。

算法 2-6-1（最优切分近似算法）

（1）对每个特征 k 根据分位数确定切割点集合。

1）for k=1 to m

$$S_k = \{s_{k1}, s_{k2}, ..., s_{kl}\}$$

2）end for

（2）计算每个特征 k 的分桶内 G 值和 H 值。

1）for k=1 to m

$$G_{kv} \leftarrow = \sum_{j \in \{\text{桶内}\}} g_j$$
$$H_{kv} \leftarrow = \sum_{j \in \{\text{桶内}\}} h_j$$

2）end for

根据近似算法能够得到每个特征的每个桶内的增益，然后选择最高增益的划分点即可进行树的分割。

（3）加权分位数缩略图。XGBoost 算法中根据分位数对某特征的特征值进行分桶，分桶过程可以简单地按照样本个数进行划分，例如某特征样本值共有 100 个，采用 3 分位进行分桶，不考虑每个样本的权重，则每个分桶中样本数量为 100×1/3。而加权分位数缩略图算法中对单个样本计算其权重，实际根据样本权重进行分桶，权重值即损失函数二阶损失函数梯度值 h_i。计算实例如图 2-6-2 所示，图中特征值为整数，h_i 为样本的二阶损失函数梯度值，根据三分位数需要在 1/3 和 2/3 划分位进行划分，则根据 h_i 值得详细划分结果。

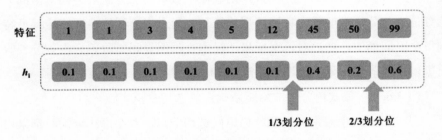

图 2-6-2　加权分位数缩略图计算示意图

（4）稀疏感知。实际工程中往往会有数据稀疏的情况，例如数据缺失和 One-hot 编码等会导致样本输入数据较为稀疏。XGBoost 算法构建树的过程中对于这种较为稀疏的数据会有一个默认的子树生成方向，即当样本相应特征值缺失时，默认将其划分到某个子树。而最优的缺省方向可以从数据中训练学到，分别枚举特征缺省的样本归为左右分支后的增益，选择增益最大的枚举项为最优缺省方向。XGBoost 算法中采用稀疏算法比普通算法在处理数据上速度提升了约 50 倍。

2.6.2　XGBoost 工程实现

（1）列块并行学习。一般数据存储中按照样本进行存储，首先检索样本，然后才是样本所具有的各个特征值。XGBoost 工作更进一步，按特征进行分块存储，同时每块里保存排序后的特征值和原样本的引用，这种存储方式一定程度上具有以下优秀特性：

1）这样便于计算过程中求得损失函数的一阶和二阶导数。

2）每块内的特征值经过排序后能够方便进行切分点的查找，比如采用贪心算法进行切分点的查找。

3）由于数据存储分块进行，而每块之间互不干扰，能够有效地进行各特征的并行化处理，对于大数据可以高效地采用多线程方法进行提速。

（2）缓存访问。每块中存储的特征持有的样本索引实际上并不是存储于连续的内存空间，这样就容易造成 CPU 缓存命中率低，从而影响算法效率。XGBoost 算法中为每个线程开辟了一个缓存区，存储样本计算得到一阶梯度和二阶梯度信息，这样就实现了非连续样本空间至连续空间的转化，一定程度上也提高了算法整体运算速度。

（3）"核外"块计算。"核外"块计算方法是为了让 CPU 等待从硬盘拷贝数据进行内存计算的时间。XGBoost 通过使用一个独立的线程专门来负责从硬盘读取数据加载到内存中，这样就避免了 CPU 等待时间。同时，XGBoost 还采用块压缩（Block Compression）和块分区（Block Sharding）的方式来降低硬盘读/写的开销。

2.7　Light GBM 算法

Light GBM 算法是由微软提出的，和 XGBoost 算法一样是对 GBDT 算法的一种高效实现，其原理和 GBDT 等类似，都是采用损失函数的负梯度作为当前决策树的残差近似值去拟合新的决策树。Light GBM 作为后起之秀，在效率上比

XGBoost 快了将近 10 倍，内存占用率大约只有 XGBoost 的 1/6，且准确率上存在一定提升。XGBoost 虽然很优秀，但是在海量工业数据面前，仍然具有缺陷，例如在每次迭代中需要遍历整个训练数据多次，这对内存和 CPU 提出了要求，尤其是在大量工业数据面前的资源消耗是惊人的。鉴于此，微软提出 Light GBM 算法让 GBDT 算法更快更好地应用于工业实践，Light GBM 算法基于 XGBoost 算法的改进项包括：

（1）直方图算法（Histogram Algorithm）。

（2）Leaf-wise 决策树生长策略。

（3）单边梯度采样算法（GOSS）。

（4）互斥特征捆绑算法。

2.7.1　Light GBM 原理

（1）直方图算法。直方图算法根据某特征的连续取值构造一个直方图，典型的直方图由众多柱形组成，每个柱形区域宽度对应一个特征值，其高度为落于此取值范围内原特征值中的样本数量，直方图算法将连续特征离散化为 k 个离散特征，构造一个宽度为 k 的直方图来统计信息。直方图能够很好地从整体描述某特征值整体取值情况。利用直方图算法我们无须遍历数据，只需要遍历 k 个区间即可找到最佳分裂点，对于子节点直方图还能通过直方图作差求得。由此可见直方图的运用至少具备以下特性：

1）更小的内存占用。

2）计算代价更小。

虽然直方图的运用一定程度上牺牲了数据精度，但正是因为这样还起到了正则化的效果，降低了模型的方差。

（2）Leaf-wise 决策树生长策略。决策树生长过程中每个节点分裂的目的是获得分裂增益的最大化，但是 XGBoost 算法采用的 Level-wise 的增长策略是按照层进行生长的，如图 2-7-1 所示。

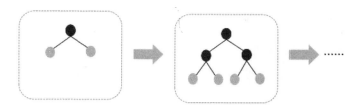

图 2-7-1   Level-wise 决策树生长策略

Level-wise 分裂时将决策树中当前层的所有节点进行分裂，但这无法区别对待同层的叶子节点，而实际上每个叶子节点分裂后的收益是不一样的，很多叶子节点分裂的收益非常低，没有必要消耗计算资源再进行搜索和分裂。Light GBM 算法更进一步采用 Leaf-wise 生成策略，该策略从当前叶子节点出发选择分裂增益最大的叶子节点进行分裂，同时 Light GBM 算法在 Leaf-wise 之上增加了一个最大深度的限制，在保证高效率的同时防止过拟合，如图 2-7-2 所示。

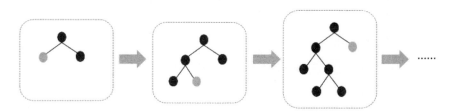

图 2-7-2   Leaf-wise 决策树生长策略

（3）单边梯度采样算法（GOSS）。工业样本数量往往巨大，Light GBM 算法采用 GOSS 算法的目的是减少样本使用量，通过排除小梯度的样本在较少样本数据量和保证精度上进行平衡。GBDT 算法中每个训练数据不同的梯度值具有不同的意义，小梯度的样本其训练误差也小，即可认为此小梯度样本被模型已经很好地学习了，但是如果丢掉这些小梯度样本不进行训练，则会影响最终模型的精度。GOSS 算法是一种采样算法，通过保留梯度较大的样本数据而丢弃部分小梯度的样本来训练采样数据。其详细过程见算法 2-7-1。

算法 2-7-1（单边梯度采样算法）

（1）先将要进行分裂的特征的所有取值按照它们梯度绝对值大小降序排列，选取绝对值最大的 $a \times 100\%$ 的数据。

（2）在剩下的较小梯度数据中随机选择 $b \times 100\%$ 个数据，同时将这 $b \times 100\%$ 个数据乘以一个常数 $(1-a)/b$。

（3）最后参与训练的样本数据为这 $(a+b) \times 100\%$ 个数据，通过计算其信息增益从而确定其分割点。

（4）互斥特征捆绑算法（Exclusive Feature Bundling，EFB）。

训练数据的稀疏性是实际中需要重点考虑的影响因素，特别对于高维度数据来说，其数据往往存在稀疏性，数据处理中如何降低数据的稀疏性是任何模型都需要考虑的重要方面。由于样本特征和特征之间通常存在一定的关联性，例如两个特征可能关系为互斥（特征取值相反），这个时候将这两个特征进行关联就不会丢失信息，这个时候将这两个特征进行关联就不会丢失信息，即便一个特征未知，但基于另一特征也可进行赋值。同时特征与特征之间也存在不完全互斥，这采用冲突比率进行特征不互斥程度的衡量。例如，对于一列特征 $[1,nan,1,nan,1]$ 和一列特征 $[nan,1,nan,1,nan]$，则这两个特征能够合并成特征 $[1,2,1,2,1]$。互斥特征捆绑算法中需要解决两个问题：

1）需要合并哪些特征？找出最优的 bundle 组合。

2）怎么绑定特征？

待合并特征选择通过构造图 $G(V,E)$ 来进行，其中 V 为特征对应图 G 中的节点，E 为特征 V 之间的边，两个有联系的特征之间可以用一条边进行连接，边的权重值即衡量连接特征的冲突。Light GBM 算法采用一个贪心策略，按照图 $G(V,E)$ 中各点的有权度来为图中所有的点进行排序，然后把特征合并到度小于某个阈值的社团中或单独创建一个 bundle。

合并特征算法需要考虑合并后的特征能准确还原原始特征，所以 Light GBM 算法采用一个更改特征取值范围的方位进行，例如对于特征 $x \in (0,100)$，特征 $y \in (0, 200)$，就可以把特征 y 转换为 $y \in (100,300)$，然后再去合并 x 与 y。

2.7.2　Light GBM 工程实现

Light GBM 和 XGBoost 算法一样不仅理论上对算法性能进行优化，在工程实现上也进行了很多方面的优化。

（1）原生支持类别特征。实际运用中数据往往存在众多的类别特征，传统的算法需要对这类特征进行 One-hot 编码，然后参与计算，这一定程度上降低了空间和时间的效率，Light GBM 算法则原生上支持类别特征，无须额外进行转化，这提高了将近 8 倍的速度。两种类别特征处理方法如图 2-7-3 所示。

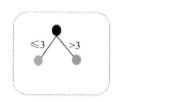 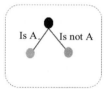

图 2-7-3　两种类别特征处理方法

（2）特征、数据并行和投票并行。传统特征并行方法对数据进行垂直划分，这样不同机器处理不同的特征从而找到不同特征的最优分裂点，然后通信整合得到最佳划分点，最后再通信告知其他机器划分结果，这样整个过程通信开销较大。Light GBM 算法则不对数据进行垂直划分，它的每台机器都有完整的训练集数据，在得到最佳划分方案后即可在本地执行划分，从而减少不必要的通信。

传统的数据并行策略主要为水平划分数据，不同的机器包含一定的数据，各机器在本地构建直方图后整合成全局直方图，最后在全局直方图中找出最佳划分点。Light GBM 则通过分散规约（Reduce Scatter）的方式将直方图整合的任务分摊到不同机器上，从而降低通信代价，同时 Light GBM 算法计算直方图还能通过直方图作差的方法进行，进一步降低了不同机器间的通信代价。投票并行方法是对数据并行方法的进一步优化，使用投票并行方法只需要合并部分 Worker 的局部直方图，从而能够达到降低通信量的目的。投票并行方法首先在本体找出前几的特征，并给予投票选择可能最优的特征，最后合并每个机器选择出的特征。

（3）Cache 命中优化。Light GBM 算法采用的直方图对于 Cache 天生较为友好。

2.8　CatBoost 算法

CatBoost（Categorical Boosting）算法是一种能很好地处理类别型特征的梯度

下降提升算法，由俄罗斯公司 Yandex 在 2017 年开源。类别特征一般为离散特征，比如性别中的男性和女性，省份名称、城市名称和学历等常见的离散特征。在一般的梯度提升算法中，针对类别特征需要转换为数值型参与计算，比如采用 One-hot 编码实现类别特征的编码。CatBoost 算法作为高效的梯度提升决策树算法，其主要特点包括：

（1）Great quality without parameter tuning（免调参）：减少参数调优时间，因为 CatBoost 提供了具备较好性能的默认参数。

（2）Categorical features support（类别特征支持）：CatBoost 支持使用离散特征，不需要花费额外的时间进行处理。

（3）Fast and scalable GPU version（高性能 GPU 版本支持）：对于 GPU 环境具备高效地实现方法，支持多 GPU 的庞大数据集任务。

（4）Improved accuracy（精度有效提升）：有效减少过拟合的问题。

（5）Fast prediction（速度提升）：使用 CatBoost 的 model applier，快速有效地将训练的模型应用到延迟关键任务中。

2.8.1　CatBoost 算法原理

（1）类别型特征处理。类别型变量在数据集中非常常见，例如特征性别（男、女）、籍贯省份（湖北、重庆和北京等）和学历（本科、硕士和博士等）。类别型变量可以分为特征基数低（low-cardinality features）和特征基数高（high cardinality features）两类。特征基数低说明类别特征的不同取值范围较少，此时能够采用 One-hot 编码对特征进行编码以参与计算，One-hot 编码实例如图 2-8-1 所示，图中特征工程包含五个值，则其对应独热编码向量总长度设置为 5。

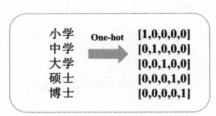

图 2-8-1　One-hot 编码实例

特征基数高则不宜用 One-hot 进行编码，比如 user ID 此时产生的向量维度较大，对于特征基数高的特征可以基于统计方法进行，例如对于数据集 $D=\{X_i,Y_i\}$ 中的 $X_i=(x_{i,1},...,x_{i,m})$，其中 n 为样本总数，m 为样本特征数，Y 为样本标签。样本某个特征 $x_{i,k}$ 可以用式 2-8-1 进行替代，其数学意义就是统计某特征中某个取值 x 对应类别标签的总和 $SumY$，然后用该总和 $SumY$ 除以该特征取值为 x 的样本数 n，进而将类别型特征转换为数值型特征，但是这种数值型转换方法容易导致模型过拟合。

$$x_{i,k} = \frac{\sum_{j=1}^{n}[if(x_{j,k}=x_{i,k}),1,0] \cdot Y_j}{\sum_{j=1}^{n}[if(x_{j,k}=x_{i,k}),1,0]} \qquad 2\text{-}8\text{-}1$$

CatBoost 算法首先将样本打乱并随机排序，当将某个特征的某个类别特征转换为数值型时，寻找排列在该样本之前的类别标签取均值，同时加入优先级和优先级权重系数，公式见式 2-8-2。式中 α 为大于 0 的权重系数，P 为添加的先验项，添加先验项在特征类别数较少时能够减少噪声数据。对于回归问题，P 可以取数据集标签的均值。

$$x_{\sigma_j,k} = \frac{\sum_{j=1}^{p-1}[if(x_{\sigma_j,k}=x_{\sigma_p,k})then1else0]Y_j + \alpha P}{\sum_{j=1}^{p-1}[if(x_{\sigma_j,k}=x_{\sigma_p,k})then1else0] + \alpha} \qquad 2\text{-}8\text{-}2$$

（2）特征组合。特征组合利用到特征之间的联系组合在一起可以构成一个新的特征，这一定程度上能够丰富特征，得到更强大的特征，例如我们的任务是音乐推荐，则通过组合 user ID 和音乐类型两个特征得到一个新的特征。然而训练数据中由于特征数量众多，在实际运用中不能考虑所有组合。在生成树时，CatBoost 在选择第一个节点时只考虑选择一个特征，例如特征 A，而在生成第二个节点时将考虑 A 和任意一个特征的组合并选择其中最好的，这样就使用贪心算法生成组合。

（3）克服梯度偏差。CatBoost 算法和众多的梯度下降提升算法一样都通过构建一个新树来拟合当前模型的梯度。由于每次计算梯度都采用当前模型相同数据点进行计算，这导致一定程度上出现梯度偏差。为了解决这个问题，CatBoost 算法在生成树结构算法中进行了优化。首先假设 F^i 为已经构建 i 棵树后的模型，

$g(X_k,Y_k)$为基于前面 i 棵树得到的第 k 个样本梯度值，实际中需要让本次得到的模型 F^i 无偏于梯度值 $g(X_k,Y_k)$，CatBoost 算法采用了一个方法，对于每一个样本 X_k 可以训练一个单独的模型 M_k，且该模型从不使用基于该样本的梯度估计进行更新，最终使用 M_k 来估计 X_k 上的梯度。

（4）排序提升。预测偏移（Prediction shift）是由梯度偏差造成的。在 GDBT 的每一步迭代中，损失函数使用相同的数据集求得当前模型的梯度，然后训练得到基学习器，但这会导致梯度估计偏差，进而导致模型产生过拟合的问题。为了克服梯度偏移问题，CatBoost 提出了一种新的叫作排序提升（Ordered boosting）的算法，对于每个样本 x_i 都训练一个单独的模型 M_i，最后用 M_i 来得到关于样本的梯度估计，并使用该梯度来作为基学习器拟合对象。但是排序提升算法实际任务由于要得到每个样本的模型 M_i，这大大增加了内存消耗和时间复杂度，运用场景有限。

（5）快速评分。CatBoost 算法使用对称树（Oblivious trees）作为基学习器，那么在同一个层上可以运用相同的分割准则，这种对称树的运用让算法不太容易过拟合且可以提高运行速度，对称树和普通树结构差异如图 2-8-2 所示。

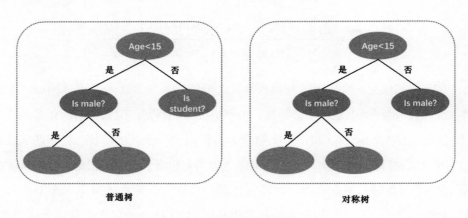

图 2-8-2　普通树和对称树

2.8.2　CatBoost 高效实现

对于梯度下降提升算法而言，当前主要的 GPU 资源消耗集中在寻找最佳树节点的分割，特别是对于密集数据特征而言往往需要很大的计算开销。CatBoost 算法中针对内存和 GPU 资源的高效实现主要如下：

（1）内存优化：CatBoost 算法提供了多种处理类别型特征的方法，同时使用完美哈希函数（Perfect Hash Function，PHF）来存储类别型特征值以减少内存使用。

（2）GPU 优化：CatBoost 算法支持多 GPU 并行学习能力。

2.9　NGBoost 算法

自然梯度提升算法（NGBoost）是由斯坦福大学吴恩达团队于 2019 年 10 月提出的，梯度提升在结构数据预测任务中取得成功，但是在概率预测方面还没有简单的处理方法，NGBoost 采用自然梯度来解决这一问题，让梯度提升算法具备了概率预测能力。

2.9.1　自然梯度

自然梯度是 Amari 于 1998 年提出的一种统计模型优化算法，自然梯度算法的提出依赖于随机梯度算法，随机梯度算法参数定义在欧几里得空间，而自然梯度定义在黎曼空间。黎曼空间（Riemannian Spaces）是黎曼几何（Riemannian Geometry）能够成立的空间。自然梯度下降算法和随机梯度下降算法类似，其详细更新参数算法见算法 2-9-1。

算法 2-9-1（自然梯度下降算法）

（1）for 循环。

1）计算得到损失函数

$$\mathcal{L}(\theta)$$

2）计算梯度值

$$\nabla_{\theta}\mathcal{L}(\theta)$$

3）计算得到 Fisher 矩阵

$$F = \frac{1}{N}\sum_{i=1}^{N}\nabla \log p(x_i \mid \theta)\nabla \log p(x_i \mid \theta)^{\mathrm{T}}$$

4）计算自然梯度

$$\tilde{\nabla}_\theta \mathcal{L}(\theta) = F^{-1} \nabla_\theta \mathcal{L}(\theta)$$

5）参数更新

$$\theta = \theta - \alpha \tilde{\nabla}_\theta \mathcal{L}(\theta)$$

（2）得到 θ，停止迭代更新。

1. Fisher 矩阵

自然梯度中需要运用 Fisher 矩阵，统计学中费雪信息是一种度量随机变量 X 所含有的关于其自身随机分布函数的未知参数 θ 的信息量。Fisher 矩阵在自然梯度中的运用主要是用 Fisher 矩阵对 KL 散度进行近似表示。假设样本值 $X_1, X_2, ..., X_n$ 服从一个概率分布 $p(X; \theta)$，为了求取分布中的未知参数 θ，一般可采用最大似然法求得，为了评价不同的 θ 参数的评价效果，可以定义一个得分函数 $s(\theta)$。得分函数 $s(\theta)$ 是似然函数的梯度值。

$$s(\theta) = \nabla_\theta \log p(x \mid \theta)$$

得分函数的期望值为 0，有

$$\mathop{E}_{p(x \mid \theta)}[s \mid \theta] = \int \nabla \log p(x \mid \theta) p(x \mid \theta) \mathrm{d}x = 0$$

为了更进一步度量得到的 θ 值，可以定义协方差

$$\mathop{E}_{p(x \mid \theta)} \Big[(s(\theta) - 0)(s(\theta) - 0)^{\mathrm{T}} \Big]$$

进一步对上式替换部分变量，则 Fisher 矩阵最终定义为

$$F = \mathop{E}_{p(x \mid \theta)} \Big[\nabla \log p(x \mid \theta) \nabla \log p(x \mid \theta)^{\mathrm{T}} \Big]$$

实际中包含训练数据 $X = \{x_1, x_2, ..., x_N\}$，则 Fisher 矩阵计算如下：

$$F = \frac{1}{N} \sum_{i=1}^{N} \nabla \log p(x_i \mid \theta) \nabla \log p(x_i \mid \theta)^{\mathrm{T}}$$

2. Fisher 矩阵对 KL 散度近似

KL 散度作为常用的损失函数，自然梯度下降中假设存在两个分布 $P(x \mid \theta)$ 和 $P(x \mid \theta')$，其中 $P(x \mid \theta)$ 为目标分布，KL 散度公式定义如下：

$$KL[p(x\,|\,\theta)\,\|\,p(x\,|\,\theta')] = \sum_{i=1}^{N} p(x_i\,|\,\theta) \log \frac{p(x_i\,|\,\theta)}{p(x_i\,|\,\theta')}$$

$$= \sum_{i=1}^{N} p(x_i\,|\,\theta)[\log p(x_i\,|\,\theta) - \log p(x\,|\,\theta')]$$

$$= \mathop{E}_{p(x|\theta)}[\log p(x\,|\,\theta)] - \mathop{E}_{p(x|\theta)}[\log p(x\,|\,\theta')]$$

对上式求得一阶和二阶导数得到

$$\nabla_{\theta'} KL[p(x\,|\,\theta)\,\|\,p(x\,|\,\theta')] = -\int p(x\,|\,\theta)\nabla_{\theta'}\log p(x\,|\,\theta')\mathrm{d}x$$

$$\nabla_{\theta'}^2 KL[p(x\,|\,\theta)\,\|\,p(x\,|\,\theta')] = -\int p(x\,|\,\theta)\nabla_{\theta'}^2\log p(x\,|\,\theta')\mathrm{d}x = F$$

其中二阶导数最终结果等于 Fisher 矩阵。

最终得到 KL 散度的近似值为

$$KL[p(x\,|\,\theta)\,\|\,p(x\,|\,\theta+d)] \approx \frac{1}{2}d^{\mathrm{T}}Fd$$

3. 损失函数最小化

实际中需要更新 d 来最小化损失函数 $L(\theta)$，不同于一般的欧几里得空间中通过参数空间来最小化损失函数，在分布空间中我们采用 KL 散度作为度量标准，则需要最小化

$$d^* = \mathop{\arg\min}_{d\ s.t.\ KL[p_\theta\|p_{\theta+d}]=c} \mathcal{L}(\theta+d)$$

其中 c 为一个常数，将 KL 散度固定在某个常数上的目的是确保以恒定的速度在空间中移动，而不必考虑曲率。

对上式使用拉格朗日乘数法，有

$$d^* = \mathop{\arg\min}_{d} \mathcal{L}(\theta+d) + \lambda(KL[p_\theta\|p_{\theta+d}]-c)$$

$$\approx \mathop{\arg\min}_{d} \mathcal{L}(\theta) + \nabla_\theta \mathcal{L}(\theta)^{\mathrm{T}}d + \frac{1}{2}\lambda d^{\mathrm{T}}Fd - \lambda c$$

d*=0，代入上式有

$$0 = \frac{\partial \mathcal{L}(\theta)}{\partial d} + \nabla_\theta \mathcal{L}(\theta)^{\mathrm{T}}d + \frac{1}{2}\lambda d^{\mathrm{T}}Fd - \lambda c = \nabla_\theta \mathcal{L}(\theta) + \lambda Fd$$

$$d = -\frac{1}{\lambda}F^{-1}\nabla_\theta \mathcal{L}(\theta)$$

则自然梯度定义为

$$\tilde{\nabla}_\theta \mathcal{L}(\theta) = F^{-1} \nabla_\theta \mathcal{L}(\theta)$$

2.9.2　NGBoost

NGBoost 这种梯度提升方法使用了自然梯度（Natural Gradient），以解决现有梯度提升方法难以解决的通用概率预测中的技术难题。对于输入的 x 能够得到含有参数值 θ 的条件分布 $p(y|x;\theta)$。其中参数 θ 通过 M 个基学习器的输出和一个初始化 θ 值叠加组合得到，其中每个基学习器得到的输出使用一个特定的缩放因子 ρ 和一个通用学习率 η 进行缩放，每个基学习器都对应一个 $f(x)$ 和缩放因子 ρ。

$$\theta = \theta^{(0)} - \eta \sum_{m=1}^{M} \rho^{(m)} \cdot f^{(m)}(x)$$

NGBoost 详细算法流程见算法 2-9-2。

算法 2-9-2（NGBoost 算法）

输入：训练样本：$D = \{x_i, y_i\}$，$i=[1,n]$，基学习器数 M，学习率 η，含参数 θ 概率分布，得分函数 S，基学习器 f。

输出：M 个基学习器 f 和对应缩放因子 ρ。

（1）初始化参数 $\theta^{(0)}$

$$\theta \leftarrow \arg\ \min_\theta \sum_{i=1}^{n} S(\theta, y_i)$$

（2）for $m=1$ to M

1）for $i=1$ to n

计算评分规则 S 的自然梯度 g_i

$$g_i^{(m)} \leftarrow F^{-1} \nabla_\theta S(\theta_i^{(m-1)}, y_i)$$

end for

2）得到基学习器 $f(m)$

$$f^{(m)} \leftarrow fit(\{x_i, g_i^{(m)}\}_{i=1}^{n})$$

3）得到缩放因子

$$\rho^{(m)} \leftarrow \arg\ \min_\rho \sum_{i=1}^{n} S(\theta_i^{(m-1)} + \rho \cdot f(m)(x_i), y_i)$$

4）for $i=1$ to n

更新参数 θ

$$\theta_i^{(m)} = \theta_i^{(m-1)} - \eta(\rho^{(m)} \cdot f^{(m)}(x_i))$$

5）end for

（3）end for

2.10   本章小结

集成学习方法通过构建并结合多个弱学习器来完成学习任务，是当前各类算法中能有效提升学习效果的重要手段，因而成为众多各类 AI 任务和赛事的"常胜将军"，当前集成学习技术已经被成功运用于众多领域，例如搜索、推荐和点击率预测等。本章主要基于当前集成学习算法理论和运用，介绍了主流的集成学习相关算法，其中对基于 Bagging 思想和 Boosting 思想的集成算法进行了较为详细的介绍，特别是针对 Boosting 算法中较为常用的六个框架模型进行了理论介绍和算法步骤介绍。

参考文献

[1]   Breiman L. Random forests[J]. Machine learning, 2001, 45(1): 5-32.

[2]   Geurts P, Ernst D, Wehenkel L. Extremely randomized trees[J]. Machine Learning, 2006, 63(1): 3-42.

[3]   Liu F T, Ting K M, Zhou Z H. Isolation Forest[C]// IEEE International Conference on Data Mining. IEEE, 2008.

[4]   池亚平，凌志婷，王志强，等. 基于支持向量机与 Adaboost 的入侵检测系统[J]. 计算机工程，2019，45（10）：183-188.

[5]   Freund Y, Schapire R E. A decision-theoretic generalization of on-line learning and an application to boosting[C]// Proceedings of the Second European Conference on Computational Learning Theory. Springer-Verlag, 1995.

[6]   Friedman J H. Greedy Function Approximation: A Gradient Boosting Machine[J].

Annals of Statistics, 2001, 29(5): 1189-1232.

[7] 张松. 基于 SVM 和 Adaboost 的多分类算法研究[D]. 济南：山东师范大学，2019.

[8] 王振武. 大数据挖掘与应用[M]. 北京：清华大学出版社，2017.

[9] Chen T, Guestrin C. Xgboost: A scalable tree boosting system[C]//the 22nd ACM SIGKDD International Conference. ACM, 2016.

[10] Guolin Ke, Qi Meng, Thomas Finley, et al. LightGBM: A Highly Efficient Gradient Boosting Decision Tree[J]. Advances in neural information processing systems, 2017: 3146-3154.

[11] Anna Veronika Dorogush, Vasily Ershov, Andrey Gulin. CatBoost: gradient boosting with categorical features support [DB/OL]. arXiv preprint arXiv: 1810.11363 (2018).

[12] T. Duan, Avati A, Ding D Y, et al. Ngboost: Natural gradient boosting for probabilistic prediction [DB/OL]. arXiv preprint arXiv: 1910.03225.

[13] S.I. Amari. Natural gradient works efficiently in learning[J]. Neural computation. 1998, 10(2): 251-276.

[14] 郑家亨. 统计大辞典[M]. 北京：中国统计出版社，1995.

第 3 章　图神经网络

3.1　图神经网络概述

　　图结构数据和关系数据结构一样也是一种数据形式，图结构数据存在于现实中的各个方面，常见的二维图片一般位于欧几里得空间，而图结构则是位于非欧几里得空间的一种非结构化数据结构，因此图结构的特征聚合往往更加复杂。图结构可以用来表示现实生活中众多的个体和关系，比如社交网络、通信网络和蛋白质网络分子等，图结构中主要包括节点（node）和边（edge），节点表示网络中的个体，连接个体的边则表示个体之间的连接关系，图的数据结构可定义为 $G=(V,E)$，其中 V 是节点，E 是节点 V 所包含的边。图神经网络模型需要去学习非结构数据并将其表征，图结构的信息主要包含在节点信息和边信息之中，实际中根据图结构体现的信息可以进行图中每个节点特征的提取。和图像数据类似，单个像素的特征信息往往也包括周围像素信息，图结构中单个节点特征信息也包含与其有直接或间接联系的节点信息和边信息。二维图片与图结构如图 3-1-1 所示。

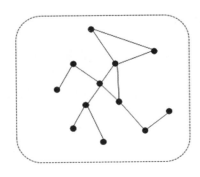

图 3-1-1　二维图片与图结构

目前基于图结构数据的处理方法众多，传统的图建模工具主要借鉴嵌入思想将图节点信息嵌入到低纬空间进行表征，当前随着深度学习的发展逐渐采用深度学习的能力进行运算和表征，例如深度学习中的循环神经网络（Recurrent Neural Network，RNN）能够进行一定扩展以处理图结构数据。目前，随着图神经网络的研究发展以及深度学习相关技术的发展，很多较为优秀的网络模型涌现了出来，其中较为广泛运用的模型有图卷积神经网络（Graph Convolutional Network，GCN）、图注意力网络（Graph Attention Network，GAT）、消息传递神经网络（Message Passing Neural Network，MPNN）等。

3.2　GCN 算法

GCN 是 2017 年 Thomas Kpif 在论文中介绍的一种将深度学习中常用卷积神经网络运用于图数据中的方法，GCN 网络主要有基于图上的频域（Spectral-domain）和基于空域（Spatial-domain）的两种实现方法。GCN 的本质目的就是用来提取拓扑图的特征信息，和众多的神经网络模型目的一样，即提取数据深层特征。图卷神经网络基于图的数据结构进行特征提取，其实现方式主要有两类，一类是基于空间域或顶点域进行，另一类则是基于频域或谱域进行。多媒体信号处理中常用傅里叶变换进行时域信号到频域信号的转换，和多媒体信号一样图结构数据可以采用傅里叶变换实现图信号的空域到频域的转换。典型基于空间域和频域的建模方法见表 3-2-1。

表 3-2-1　基于空间域和频域的建模方法

类别	模型
Spectral methods	ConvGNNs、ChebNet、GCN、CayleyNet、AGCN、DualGCN
Spatial methods	NN4G、DCNN、PATCHY-SAN、MPNN、GraphSage、GAT、MoNet、LGCN、PGC-DGCNN、CGMM、GAAN、FastGCN、StoGCN、DGCNN、DiffPool、GeniePath、DGI、GIN、ClusterGCN

3.2.1 理论基础

（1）图的拉普拉斯矩阵。假设存在函数 $f(x,y,z)$，则函数 $f(x,y,z)$ 的拉普拉斯算子数学定义为 $\Delta f = \nabla \cdot \nabla f = \nabla^2 f$，其中 ∇ 为梯度符号，$\nabla \cdot$ 为散度符号。根据定义式拉普拉斯算子又可被定义为函数 $f(x,y,z)$ 的梯度的散度，散度（Divergence）在物理上定义为表征空间各点矢量场发散的强弱程度的物理量。梯度作为一个向量，函数 $f(x,y,z)$ 在某点的梯度值计算见式 3-2-1。

$$\nabla f(x=x_0, y=y_0, z=z_0) = \left(\frac{\partial f}{\partial x}, \frac{\partial f}{\partial y}, \frac{\partial f}{\partial z} \right) |_{x=x_0, y=y_0, z=z_0} \qquad 3\text{-}2\text{-}1$$

则函数 $f(x,y,z)$ 的梯度函数计算式见式 3-2-2。

$$\nabla f(x,y,z) = \frac{\partial f}{\partial x} \cdot \vec{i} + \frac{\partial f}{\partial y} \cdot \vec{j} + \frac{\partial f}{\partial z} \cdot \vec{z} \qquad 3\text{-}2\text{-}2$$

根据梯度函数式 3-2-2 可知梯度函数在三维空间中将构成一个向量场，则基于此向量场 ∇f 进行散度 $\nabla \cdot \nabla f$ 计算得到函数 $f(x,y,z)$ 的拉普拉斯算子 $\nabla^2 f$，拉普拉斯算子衡量了在空间中的每一点处该函数 $f(x,y,z)$ 梯度是倾向于增加还是减少。

拉普拉斯矩阵是图论中作为图的矩阵表示的工具，运用广泛，在图 $G=(V,E)$ 中的常用拉普拉斯矩阵具有三种形式：

1）$L=D-A$ 叫作未标准化拉普拉斯矩阵（Combinatorial Laplacian），式中 D 是图中顶点的度矩阵，A 是图的邻接矩阵。

2）$L^{\mathrm{sym}}=D^{-1/2}LD^{-1/2}=I-D^{-1/2}LD^{-1/2}$ 是正则化的拉普拉斯矩阵（Symmetric normalized Laplacian），也是目前众多的 GCN 模型运用最广泛的矩阵。

3）$L^{\mathrm{rw}}=D^{-1}L$ 是随机游走标准化拉普拉斯矩阵（Random walk normalized Laplacian）。

拉普拉斯矩阵运用于图论中得到的拉普拉斯矩阵计算实例如图 3-2-1 所示，拉普拉斯矩阵作为一个半正定对称矩阵能够进行特征分解（谱分解），其分解式见式 3-2-3。

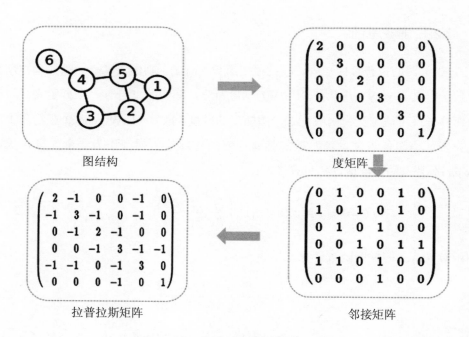

图结构 度矩阵

拉普拉斯矩阵 邻接矩阵

图 3-2-1　图论中拉普拉斯矩阵实例

$$L = U \begin{pmatrix} \lambda_1 & \cdots & \cdots \\ \cdots & \cdots & \cdots \\ \cdots & \cdots & \lambda_n \end{pmatrix} U^{\mathrm{T}} \qquad 3\text{-}2\text{-}3$$

（2）傅里叶变换（Fourier Transformation，FT）。傅里叶分析是信号分析中最常用的方法，通过傅里叶变换可以将连续的时间域信号转变为频率域信息，而这种变换是通过一组特殊的正交基来实现的，傅里叶变换可以视为拉普拉斯变换的特例，傅里叶分析包括傅里叶级数（Fourier Serie）和傅里叶变换，傅里叶级数针对周期函数采用若干正弦函数和余弦函数进行逼近，而傅里叶变换则是针对更一般的非周期函数运用基本三角函数进行逼近。

时域信息和频域信息是对信息的不同度量方式，通过时域和频域信息能够得到不同的信息。典型时域信息和频域信息实例如图 3-2-2 所示，其中时域显示的是函数 $y=\sin(x)$ 的时域波形，频域则对应其频域信息，即频率为 $f=1/T=1/2\pi$，其横轴为频率 f。

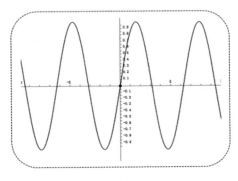 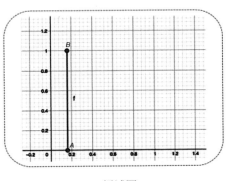

时域波形   频域图

图 3-2-2 时域波形和频域信息实例

三角函数是典型的周期函数，典型三角函数表达式为 $y = A\sin(\omega x + \varphi) + k$ 或 $y = A\cos(\omega x + \varphi) + k$，式子可理解为对 $y = \sin(x)$ 进行变换操作：先把 $y = \sin(x)$ 的图像上所有的点向左（$\varphi > 0$）或向右（$\varphi < 0$）平行移动 $|\varphi|$ 个单位，再把所得各点的横坐标缩短（$\omega > 1$）或伸长（$0 < \omega < 1$）到原来的 $1/\omega$ 倍（纵坐标不变），再把所得各点的纵坐标伸长（$A > 1$）或缩短（$0 < A < 1$）到原来的 A 倍（横坐标不变），最后函数整体上移或下移 k 个单位。更一般化可以将三角函数表达为 $y = A\sin(2\pi f x + \varphi)$ 的形式，其中 f 为频率，φ 为初始相位，A 是幅度值，则针对一般三角函数可以进一步转换为若干三角函数和的形式，转换式见式 3-2-4。

$$
\begin{aligned}
y &= A\sin(2\pi f x + \varphi)a \\
&= A\sin(\varphi)\cos(2\pi f x) + A\cos(\varphi)\sin(2\pi f x) \\
&= a_n \cos(2\pi f x) + b_n \sin(2\pi f x)
\end{aligned}
\qquad 3\text{-}2\text{-}4
$$

由于一般波形函数可能会存在一个直流分量，则傅里叶级数表达式见式 3-2-5。傅里叶级数其实就是用一组函数来逼近一个周期函数，那么每个 $\sin(x)$ 和 $\cos(x)$ 就是一组基，这组基上的系数就是频域，随着频域越来越多（基越来越多），函数的拟合就越准确。式中系数 a_n 和 b_n 就是频域，可由正交性进行计算，频域越多拟合越精确，T 为周期，一般计算中取 $T=(-\pi,\pi)$。傅里叶级数形象示意图如图 3-2-3 所示，合成方波实例中频率越丰富，合成的波形也越接近方波。

$$f(x) = \frac{a_0}{2} + \sum_{n=1}^{\infty}\left[a_n \cos\left(\frac{2\pi nx}{T}\right) + b_n \sin\left(\frac{2\pi nx}{T}\right)\right] \qquad 3\text{-}2\text{-}5$$

其中

$$a_n = \frac{2}{T}\int_{x_0}^{x_0+T} f(x)\cos\left(\frac{2\pi nx}{T}\right)\mathrm{d}x$$

$$b_n = \frac{2}{T}\int_{x_0}^{x_0+T} f(x)\sin\left(\frac{2\pi nx}{T}\right)\mathrm{d}x$$

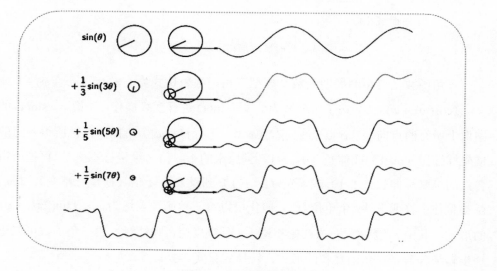

图 3-2-3　合成方波实例

式 3-2-5 利用欧拉公式 $e^{ix}=\cos(x)+i\sin(x)$（i 为虚数单位）可以进一步进行化简，欧拉最早是通过泰勒公式观察出欧拉公式的，根据欧拉公式能够得到三角函数关系式 3-2-6，三角函数定义域则被扩充至复数域，典型 $e^{i\theta}$ 表示沿着单位圆进行圆周运动 θ 后到达一个点，当 θ 变量表示时间 $\theta=t=2\pi$ 时，则 $e^{i\theta}$ 表示单位圆转动一圈，e^{it} 的实部和虚部在时间 t 轴上进行记录，则得到 $\cos(t)$ 和 $\sin(t)$ 函数图形。

$$\begin{cases} \cos x = \dfrac{e^{ix} + e^{-ix}}{2} \\[2mm] \sin x = \dfrac{e^{ix} - e^{-ix}}{2i} \end{cases} \qquad 3\text{-}2\text{-}6$$

傅里叶变换公式和反傅里叶变换公式见式 3-2-7 和式 3-2-8。可以发现对信号 $f(x)$ 的傅里叶变换 $F(\omega)$ 形式上是 $f(x)$ 与基函数 $\mathrm{e}^{-\mathrm{i}\omega x}$ 的积分，本质上将函数 $f(x)$ 映射到了以 $\mathrm{e}^{-\mathrm{i}\omega x}$ 为基向量的空间中。

$$F(\omega) = \int_{-\infty}^{+\infty} f(x)\mathrm{e}^{-\mathrm{i}\omega x}\mathrm{d}x \qquad\qquad 3\text{-}2\text{-}7$$

$$f(x) = \frac{1}{2\pi} \int_{-\infty}^{+\infty} F(\omega)\mathrm{e}^{\mathrm{i}\omega x}\mathrm{d}\omega \qquad\qquad 3\text{-}2\text{-}8$$

3.2.2 图卷积神经网络

图卷积神经网络是针对图结构数据进行特征提取的一种端到端（end-to-end）的学习方法。相比较于经典的 RNN 和 CNN 网络，图卷积神经网络能够针对非 Euclidean 空间数据进行特征提取，而非 Euclidean 数据在现实中普遍存在。GCN 算法和 CNN 一样通过分层操作，逐层提取特征，将 GCN 每层堆叠到适合的深度能够提取有效特征，进而一定程度上最终实现节点分类、图分类、边预测和图嵌入等下游任务。根据相关的文献由简入深的描述，假设目前图数据总共包含 N 个节点（node），其中每个节点具有 D 个特征属性，则有矩阵 $X=N \times D$ 维度，同时得到节点和节点之间的邻接关系矩阵 $A=N \times N$ 维度。根据典型的 BP 经典神经网络结构，可以定义一个简单的图神经网络特征提取函数，见式 3-2-9，式中 A 为邻接矩阵，H 为每一层的特征，对于输入层 $H=X$，W 为权重值，σ 为激活函数，AH 矩阵相乘达到了提取周围节点特征的效果。通过相关实验证明，这个简单的特征提取网络在某些方面的性能具有出色的表现。

$$f(H^{(l)}, A) = \sigma(AH^{(l)}W^{(l)}) \qquad\qquad 3\text{-}2\text{-}9$$

基于式 3-2-9 的卷积操作虽然具备运用潜力，但同时也存在问题：

（1）由于 A 的对角线元素为 0，AH 能够提取邻接节点的特征，但是忽略了本节点的自由特征，因此需要对 A 增加一个单位矩阵，即 $\tilde{A} = A + I$。

（2）需要对 A 进行标准化处理，因为没有经过归一化的矩阵 A 与 H 相乘会改变特征原来的分布，首先让 A 的每一行加起来为 1，所以乘以一个 D^{-1}，D 是度矩阵，进一步将 D^{-1} 拆开与 A 相乘得到 $D^{-1/2}AD^{-1/2}$。

最终得到 GCN 的层与层之间的传播方式，见式 3-2-10。式中 $H^{(l+1)}$ 为层的输出结果，σ 表示非线性激活函数，H 是每一层的特征，对于输入层 H 即 X（$N{\times}D$ 维度矩阵，N 表节点数，D 表节点特征数），式中 A（$N{\times}N$ 维度矩阵）为邻接矩阵，I 是单位矩阵。

$$H^{(l+1)} = \sigma(\check{D}^{-\frac{1}{2}} \check{A} \check{D}^{-\frac{1}{2}} H^{(l)} W^{(l)})\qquad\text{3-2-10}$$

其中
$$\check{A} = A + I$$

GCN 网络通过把一个节点在图中的高维度邻接信息降维到一个低维度的向量来进行表示，能够捕捉到图的全局信息，很好地表示节点的特征。但是由于 GCN 需要将图中所有节点都用于训练后才能获得节点的 Embedding 表示，当新增节点后必须重新训练模型得到新节点的 Embedding，这限制了在变换结构图上的泛化性能。

3.3　图注意力网络

GCN 网络作为图网络中提取特征性能较好的网络运用广泛，但典型的 GCN 网络也存在两个缺陷：第一，无法对邻接节点的特征进行差别提取，GCN 模型在领域上分配给不同的邻居的权重是完全相同的，这限制了对空间信息的捕捉能力；第二，GCN 结合邻接节点的方法和图的结构高度相关，这限制了模型在其他图结构上的泛化能力，而图注意力网络（GAT）利用注意力机制对邻接节点特征进行加权求和，而邻接节点的权重值则完全取决于节点特征，独立于图结构。

3.3.1　Attention 理解

人脑的注意力资源往往是有限的，同一时间往往只会聚焦部分资源，比如我们的视觉和听觉等。Attention 机制将人工智能研究从全局聚焦到了局部，Attention 机制最早在计算机视觉中应用随后扩展到 NLP 领域，而真正让 Attention 机制发扬走红则是 BERT 和 GPT 等预训练模型的提出。Attention 聚焦局部让整个模型往往具有更快的运算速度、更少的参数和更好的效果。目前大部分 Attention 运用于 Encoder-Decoder 框架中，Encoder-Decoder 框架是一种深度学习领域的研究模型并广泛运用于语言翻译、文本摘要和语音识别等领域。如图 3-3-1 所示的文本领域 Encoder-Decoder 框架可视为输入一个字符生成另一个字符（翻译任务），其中输入字符 $\{x_1, x_2, x_3, x_4\}$，期望得到字符 $\{y_1, y_2, y_3\}$，通过 Encoder 部分能够得到中间语义编码 $c = f(x_1, x_2, x_3, x_4)$，Decoder 部分则根据语义编码和已经生成历史信息生成单词 $y_i = g(c, y_1, y_2, y_3, ..., y_{i-1})$。

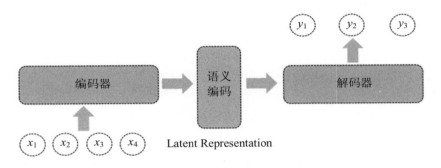

图 3-3-1　文本领域的 Encoder-Decoder 框架

典型的 Encoder-Decoder 框架没有体现注意力机制中的"局部聚焦"功能。图 3-3-1 中，中间语义编码 c 在生成 $\{y_1, y_2, y_3\}$ 的过程中的表达式见式 3-3-1，式中不论生成哪个单词，用到的中间语义编码均为 C，这说明针对每个生成单词 y_n 来说，输入单词 $\{x_1, x_2, x_3, x_4\}$ 对其的影响均是相同的。但是在实际中，由于语言天然的语义关系存在，不同的单词之间往往存在不一样的影响权重。

$$y_1 = f(c), y_2 = f(c, y_1), y_3 = f(c, y_1, y_2) \qquad 3\text{-}3\text{-}1$$

Encoder-Decoder 框架中加入 Attention 机制如图 3-3-2 所示，式中对于每个生成单词 y_1、y_2 和 y_3 都有各自对应的中间语义编码 c_1、c_2 和 c_3。每个中间语义编码 c 根据 y 值不一样会在输入单词 X 上分配不一样的注意力资源，比如 $c_1 = g(0.6 \times f_2(x_1), 0.2 \times f_2(x_2), 0.2 \times f_2(x_3))$，$c_2 = g(0.2 \times f_2(x_1), 0.4 \times f_2(x_2), 0.4 \times f_2(x_3))$ 和 $c_3 = g(0.1 \times f_2(x_1), 0.5 \times f_2(x_2), 0.4 \times f_2(x_3))$。

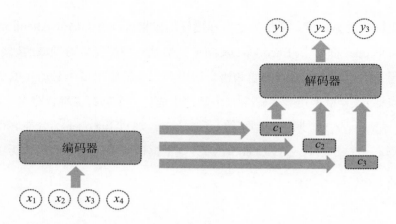

图 3-3-2　引入注意力模型的 Encoder-Decoder 框架

3.3.2　Attention 权重求取

Attention 机制本质用图 3-3-3 进行表示，需要计算 Query 和 Source 的注意力权重值 *Attention(Query,Source)*，*Query* 可理解为图 3-3-2 中的 y_2，*Source* 中 *Key* 可理解为 *x*，*Source* 中的 *Key* 对应的 *Value* 值理解为每个 *Key* 通过 Encoder 编码器得到的值，具体计算过程中注意力权重值 *Attention(Query,Source)* 可用式 3-3-2 表达。

$$Attention(Query, Source) = \sum_{i=1}^{L_x} similarity(Query, Key_i) * Value_i \qquad 3\text{-}3\text{-}2$$

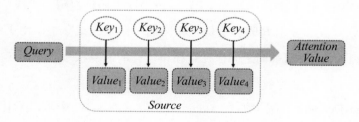

图 3-3-3　Attention 机制本质思想

典型 Attention 计算过程（图 3-3-4）可以抽象为三个阶段：第一个阶段计算 *Query* 和 *Key* 的相关性，第二节阶段即对第一阶段得到的相关性值进行归一化操作，第三阶段是根据权重系数对 *Value* 加权求和。三个阶段中最重要的是第一阶段，即判断 *Query* 和 *Key* 的相关性程度，常用的方法包括计算两个向量的点积、计算两个向量的 Cosine 相似性和计算相关神经网络获取相似性。

$$点积：Similarity(Query, Key_i) = Query \cdot Key_i$$

$$Cosine相似性：Similarity(Query, Key_i) = \frac{Query \cdot Key_i}{\|Query\| \cdot \|Key_i\|}$$

$$神经网络：Similarity(Query, Key_i) = MLP(Query, Key_i)$$

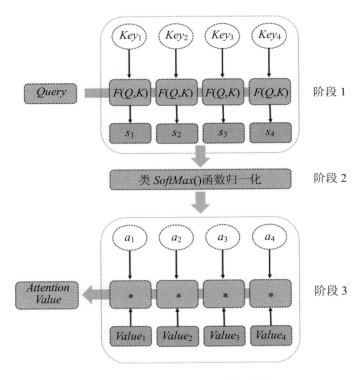

图 3-3-4   典型 Attention 计算三阶段

3.3.3   图注意力网络

图注意力（GAT）网络和 GCN 网络都运用于提取图神经网络中特征，对于图结构中 N 个节点，输入每个节点原始特征，通过网络融合周围节点相关信息输出每个节点新的特征。GAT 网络也是逐层进行特征提取的，模型输入节点特征向量集和输出节点向量集数学表示见式 3-3-3 和式 3-3-4。其中 N 为图数据结构中节点的数目，F 是每个节点属性特征数目，h 为输入节点特征，h′为输出节点特征向量集合，F 和 F' 具有不同的维度。

$$h = \{\overrightarrow{h_1}, \overrightarrow{h_2}, ..., \overrightarrow{h_N}\}, \overrightarrow{h_i} \in R^F \qquad 3\text{-}3\text{-}3$$

$$h' = \{\overrightarrow{h_1'}, \overrightarrow{h_2'}, ..., \overrightarrow{h_N'}\}, \overrightarrow{h_i'} \in R^{F'} \qquad 3\text{-}3\text{-}4$$

图注意力网络典型计算图示可用图 3-3-5 表示，其详细更新公式可见式 3-3-5 至式 3-3-7。式中首先对 1 层节点进行线性变换，$W^{(l)}$ 为该变换的可训练参数。$\|$ 表示两个向量的拼接，对拼接好的向量和一个可学习的权重向量做点积，最后进行 LeakyReLU 激活得到原始注意力分数 e_{ij}，对图结构中节点 i 和 j 之间的注意力系数 e_{ij} 进行 softmax 操作。由于引入 maskedattention 至注意力机制中，对于图中一个节点 i，仅仅需要将注意力分配到其邻接节点集 N_i，其中 softmax 对其节点 i 所有相邻节点 j（$j \in N_i$）进行正则化。

$$z_i^{(l)} = W^{(l)} h_i^{(l)} \qquad 3\text{-}3\text{-}5$$

$$e_{ij}^{(l)} = LeakyRelu(\overrightarrow{a}^{(l)\mathrm{T}}(z_i^{(l)} \| z_j^{(l)})) \qquad 3\text{-}3\text{-}6$$

$$a_{ij}^{(l)} = \frac{\exp(e_{ij}^{(l)})}{\sum_{k \in N(i)} \exp(e_{ik}^{(l)})} \qquad 3\text{-}3\text{-}7$$

经过计算得到节点之间归一化的注意力系数 α_{ij} 后，最终通过式 3-3-8 得到最后的输出特征，式中 σ 是一个非线性激活函数。

$$h_i^{(l+1)} = \sigma\left(\sum_{j \in N(i)} a_{ij}^{(l)} z_i^{(l)}\right) \qquad 3\text{-}3\text{-}8$$

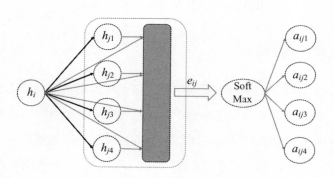

图 3-3-5　图注意力网络示意图

3.4　变分图自编码器

自编码器（AE）及变分自编码器（VAE）在生成模型中运用广泛，变分图自编码器（VGAE）借鉴变分自编码器的方式可以无监督地为输入的图结构学习特征并还原图的拓扑结构。变分图自编码器实现结构如图 3-4-1 所示，图中 A 为邻接矩阵，X 为节点特征矩阵，编码器 Encoder 通过图卷积层实现对输入图节点的嵌入表示，解码器 Decoder 则通过计算嵌入表示矩阵 Z 的成对距离（pair-wise distance），之后模型通过使用非线性激活函数重构邻接矩阵。整个网络通过最小化实际邻接矩阵和生成邻接矩阵之间的差异来进行学习更新网络参数。

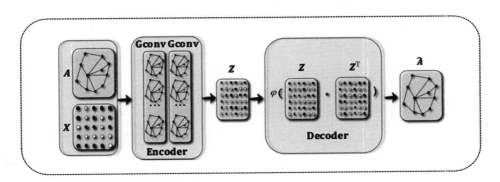

图 3-4-1　变分图自编码器

图中编码器为两层图卷积网络（GCN），数学表达见式 3-4-1，其中 N 是图结构中节点数量。

$$q(Z \mid X, A) = \prod_{i=1}^{N} q(z_i \mid X, A) \qquad 3\text{-}4\text{-}1$$

其中　　　　　　　$q(z_i \mid X, A) = \mathbb{N}(z_i \mid \mu_i, diag(\sigma_i^2))$

3.5　图生成网络

MolGAN 模型是 2018 年提出的用于生成化学分子结构的图生成网络，这使高效地在众多离散分子结构空间中搜索最优结构成为了可能。MolGAN 模型建模依赖于关系 GCN、增强 GAN 和强化学习奖励函数，MolGAN 模型和普通 GAN 网络类似，也包含一个生成器和一个判别器。典型 MolGAN 结构图如图 3-5-1 所示。

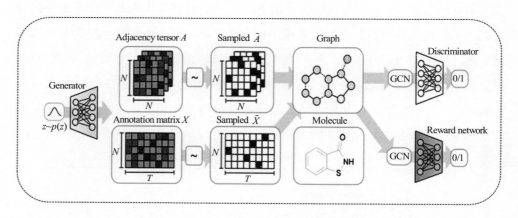

图 3-5-1　MolGAN 结构框图

由于图结构一般可采用各个节点的属性矩阵（$X \in R^{N \times T}$）和邻接矩阵（$A \in R^{N \times N \times Y}$）进行表示，其中 Y 一般结构中不包含，其表示连接边的类型。MolGAN 生成器 $G_\phi(z)$，其中 z 为来源于标准正态分布 $N(0,1)$ 的 D 维采样矩阵，每个生成器 $G_\phi(z)$ 机构为多层神经网络，生成器最终将得到属性矩阵（$X \in R^{N \times T}$）和邻接矩阵（$A \in R^{N \times N}$）。之后通过分类抽样得到离散稀疏的属性矩阵 X 和邻接矩阵 A，最终结合属性矩阵和邻接矩阵即可得到一个完整的分子结构图。

MolGAN 模型中包含判别器和奖励网络，奖励网络的设计来源于强化学习的思想，判别网络和奖励网络具有相同的网络结构（基于 Relational-GCN 构建），其将图结构作为输入，最终判别网络和奖励网络将分别输出为一个 0~1 的分数。MolGAN 判别器的训练过程和 WGAN 模型类似，其中生成器的训练损失函数将结合判别器和奖励网络的结构，其公式为

$$L(\theta) = \lambda L_{\text{WGAN}} + (1 - \lambda) L_{RL}$$

其中 λ 为超参数。

GraphRNN 是 2018 年被提出的图生成网络模型，和 MolGAN 一样在图生成

模型中运用广泛。GraphRNN 模型将图的生成分成两个 RNN 网络进行：Graph-level 和 Edge-level。其中 Graph-level 主要用于生成节点序列，而 Edge-level 为每个新生成的节点生成边序列。典型 GraphRNN 模型框图如图 3-5-2 所示。

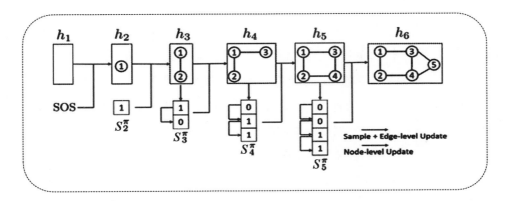

图 3-5-2　RaphRNN 模型框图

GraphRNN 模型中介绍图结构中其节点排序 π 能够代表一个图，节点排序 π 下的 n 个节点图 $G \sim p(G)$ 定义如下：

$$S^{\pi} = f_s(G, \pi) = (S_1^{\pi}, ..., S_n^{\pi})$$
$$S_i^{\pi} = (A_{1,i}^{\pi}, ..., A_{i-1,i}^{\pi})^{\mathrm{T}}$$

式中 S^{π} 代表节点排序 π 方案，图中共有 n 个节点，S_i^{π} 代表的是邻接矩阵，其表示当前节点 $\pi(v_i)$ 和之前节点 $\pi(v_j)$，$j \in \{1, ..., i-1\}$ 之间的边关系。

图生成网络建模中需要确定 $P(G)$，GraphRNN 模型由于对图进行了序列化，则需要确定 $P(S^{\pi})$。

$$P(S^{\pi}) = \prod_{i=1}^{n+1} p(S_i^{\pi} \mid S_1^{\pi}, ..., S_{i-1}^{\pi})$$

由于 $P(S^{\pi})$ 中每个节点都和已经生成的节点产生关联并非常复杂，因此可以采用神经网络进行分布的近似表示，式中 θ 即 $P_{\theta}(S^{\pi})$ 参数。

$$h_i = f_{\mathrm{trans}}(h_{i-1}, S_{i-1}^{\pi})$$
$$\theta_i = f_{\mathrm{out}}(h_i)$$

3.6　图时空网络

图时空网络建模对象包含时间（Temporal Character）和空间（Spatial Character）两个维度，当一个空间的图网络随着时间发生一定变化时，建模即需要考虑空间维度和时间维度两个要素。一般建模思想主要采用混合神经网络（hybrid neural network）来实现对多个特征的结合，比如采用 GCN 提取空间特征，采用 RNN 等提取时间特征。在图时空网络中 DCRNN 模型和 ST-GCN 模型运用广泛，特别是在交通领域、气候和人体姿态估计方面。

DCRNN 即扩散卷积递推神经网络，其源于扩散卷积神经网络（Diffusion-Convolutional Neural Networks，DCNN）。DCRNN 模型的提出主要基于交通预测流量应用场景。假设交通流预测中已知图 $G=(v, \varepsilon, W)$，其中 v 表示 n 个节点，ε 表示边，W 则是节点之间的距离。$X \in R^{N \times P}$ 表示一个图结构，其中每个节点包含 P 个特征，$X^{(t)}$ 表示第 t 时刻观察到的图 X。DCRNN 目标是学得一个函数 $h(.)$ 实现历史图到最新图的映射。

$$[X^{(t-T'+1)},...,X^{(t)};g] \xrightarrow{\ h(.)\ } [X^{(t+1)},...,X^{(t+T)}]$$

DCRNN 利用 GRU 作为时间维度特征处理，只是将 GRU 中的矩阵乘法改用扩散卷积，使用扩散卷积门控单元（Diffusion Convolutional Gated Recurrent Unit）。

$$r^{(t)} = \sigma(\Theta_r * G[X^{(t)}, H^{(t-1)} + b_r])$$
$$u^{(t)} = \sigma(\Theta_u * G[X^{(t)}, H^{(t-1)} + b_u])$$
$$C^{(t)} = \tanh(\Theta_c * G[X^{(t)}, (r^{(t)} \odot H^{(t-1)}) + b_c])$$
$$H^{(t)} = u^{(t)} \odot H^{(t-1)} + (1-u^{(t)}) \odot C^{(t)}$$

式中，$r^{(t)}$ 和 $u^{(t)}$ 是 t 时刻的复位门和更新门，$*G$ 为扩散卷积公式，其运算式见式 3-6-1，t 时刻的输入为 $X^{(t)}$。

$$X_{:,p*G} f_\theta = \sum_{k=0}^{K-1} (\theta_{k,1}(D_O^{-1}W)^k + \theta_{k,2}(D_I^{-1}W^T)^k) X_{:,p} \qquad 3\text{-}6\text{-}1$$

3.7 DeepWalk 和 Node2vec 算法

图结构数据是运用广泛且极具意义的数据结构，当前网络信息场景下众多海量的数据对象之间更多呈现的是图结构。当前基于图结构数据进行图嵌入（Graph Embedding）和图表示学习（Network Representation Learning，NRL）两个方面的研究火热。图嵌入技术目前在推荐系统等领域极其流行，是自然语言处理 Word2vec 和 Item2vec 等嵌入技术在图结构数据的延伸扩展，图嵌入技术运用于知识图谱和广告推荐等工程领域实际中，取得了非常好的效果。图表示学习定义将网络的每个顶点编码到一个统一的低维空间中，通过低维空间向量表示能够表达更加数学化的信息。由于图结构不光包含节点信息还包含节点边信息，基于传统数据的嵌入方法和表示学习方法在图结构数据中的运用遇见了瓶颈，因此针对图结构数据的嵌入和表示学习成为研究热点。

图嵌入领域经典的嵌入方法是 DeepWalk 算法，DeepWalk 算法于 2014 年 KDD 会议提出并将 Embedding 技术引入了图序列。DeepWalk 算法通过学习图结构中网络顶点的潜在关系，继而将这种关系延续至我们熟悉的向量空间，以便运用到更多的统计模型。DeepWalk 算法通过将随机游走得到的节点序列当作句子，从截断的随机游走序列中得到网络的部分信息，再经过部分信息来学习节点的潜在表示，总的来说 DeepWalk 算法通过在图结构上进行随机游走产生大量序列，然后将这些序列作为训练样本进行训练得到嵌入表示。Node2vec 算法思想和 DeepWalk 算法思想类似，也是通过对图结构进行随机游走采样得到节点上下文信息，然后运用处理词向量相关方法得到最终图结构的向量表示，Node2vec 主要基于 DeepWalk 的随机游走过程进行了创新，从而提高了嵌入效果。节点嵌入的两个重要的现代算法是 DeepWalk 和 Node2Vec。

近年来国内外众多公司和研究机构纷纷涉足对图嵌入方面的研究，通过图嵌入算法结合实际业务场景往往都取得了较好的成果，例如 KDD 2018 年会议上阿里巴巴公司就分享其淘宝平台推荐方面的实践，如图 3-7-1 所示为根据用户历史浏览商品行为构建的 Item Graph，图 3-7-1（a）中展示了用户浏览商品的行为序列，图 3-7-1（b）基于行为序列构建了物品图结构数据，图结构中商品 A 到 B 之间产生边的原因是用户先购买了 A 而后又购买了 B，图 3-7-1（c）中则采用随机游走的方式随机选择起始点构建新的物品序列，图 3-7-1（d）所示为最终采用 Skip-Gram 模型生成最终的物品 Embedding 向量。

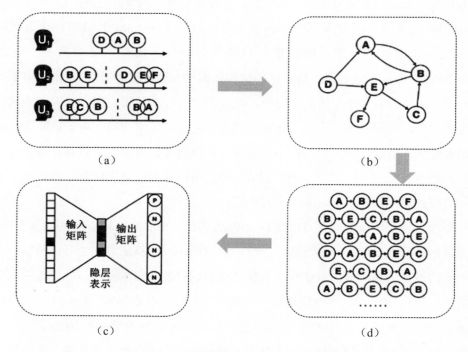

图 3-7-1　淘宝推荐构造 Item Graph

3.7.1　理论基础

（1）Embedding。Embedding 技术在各个领域内运用广泛，从最开始的自然语言处理模型 Word2vec 到推荐系统中 Embedding 技术的运用，再到如今流行的 Graph Embedding 技术，Embedding 技术的运用随处可见，可谓"世界万物皆可 Embedding"。Embedding 通过将离散变量转变为在特定空间下连续向量的方式为神经网络在各方面的应用带来了极大的扩展，通过 Embedding 可以将高维离散的变量映射到 Embedding Space 中以低维和连续的形式存在。例如图 3-7-2，实际应用中我们需要对维基百科书籍进行数学表示，需要表示的书籍总数大约有 37000 本，而对每一本书籍仅仅用 50 个数字的向量进行描述，通过 Embedding 技术可以以连续向量的形式表示其中每一本书，而且位于 Embedding Space 空间中的样本距离往往一定程度上能够反映书籍之间的相关性，因此 Embedding 天生能够在聚类任务中运用。本书第 8 章中所述技术本质上是通过将采样数据点 Embedding 到另外空间再通过 k-Means 算法进行聚类划分。

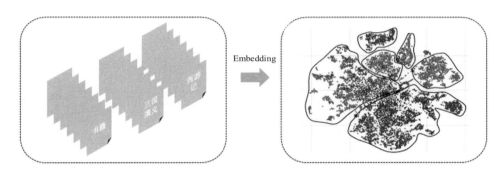

图 3-7-2　Embedding 简化实例

Embedding 和 One-hot 编码类似，都可用来进行离散变量的表示。One-hot 编码通过需要编码的离散变量的总数确定编码向量长度，对每个变量通过用 $N-1$ 个 0 和单个 1 最终组成的向量来表示每个类别。One-hot 编码在深度学习中运用广泛，但是对于多类型变量往往存在向量维数过大和过于稀疏的缺陷，同时运用 One-hot 编码得到的向量之间完全独立，无法反映不同类别间的关系。Embedding 技术可以通过神经网络实现，通过构造一定数量的训练样本和标签信息不断地减少训练损失来优化整个 Embedding 表示，loss 越小得到的 Embedding 表示越精确，越相似的样本通过 Embedding 得到的向量越接近。例如需要对众多的书籍进行编码，通过 Embedding 技术能够让同一个作者写的著作向量表示得更相似。典型 One-hot 编码和基于 Embedding 表示实例见表 3-7-1，假设 Embedding 为三维空间，通过 One-hot 编码和 Embedding 表示方法的区别显而易见，Embedding 既能节约表示空间，同时向量之间的关系也能反映颜色之间的区别。

表 3-7-1　One-hot 编码和基于 Embedding 表示实例

颜色	One-hot	Embedding
琥珀色	[1,0,0,0]	[1.00,0.25,0.00]
靛蓝色	[0,1,0,0]	[0.00,0.50,1.00]
大红色	[0,0,1,0]	[0.36,0.25,0.12]
咖啡色	[0,0,0,1]	[0.56,0.36,0.00]

（2）随机游走（Random Walk）。随机游走是由一系列随机步伐（steps）形成的活动模型，通过随机游走可以提取图结构的信息。DeepWalk 算法中运用随机游走提取图结构特征信息一般具有以下两个好处：

1）可并行运行性。因为随机游走是局部进行的，对于大规模图结构可以从不同节点进行随机游走以提升性能。

2）适应性。因为随机游走是局部进行的，当某一局部图结构发生变化时，只需要对此部分结构重新进行随机游走。

目前随机游走算法的实现方式主要基于广度优先采样（Breadth First Sampling，BFS）和深度优先采样（Depth First Sampling，DFS），两种采样算法图示如图 3-7-3 所示。

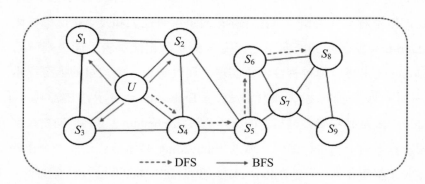

图 3-7-3　BFS 和 DFS

广度优先采样倾向于初始节点周围采样，可以反映出节点的邻居的微观特性，而深度优先采样则会采样距离初始节点较远的节点，可以反映一个节点邻居的宏观特性。而在复杂网络中这种节点的微观特性和宏观特性是一个重要的特征信息，Node2vec 算法则通过引入参数 p 和 q 来控制随机游走采样的方式。基于图结构数据的简单随机游走如图 3-7-4 所示，图生成的随机游走序列为{节点 15–节点 6–节点 2}。

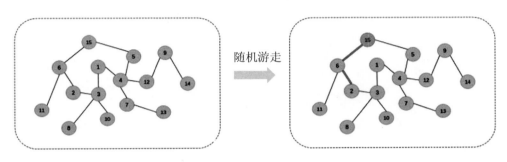

图 3-7-4　图的随机游走序列生成

（3）Word2vec。Word2vec 是 Google 在 2013 年推出的一个 NLP 工具，它的功能是能够将所有的词向量化。Word2vec 是得到 word 的 vector 表达，Word2vec 模型和传统基于神经网络训练得到词向量模型一样具有 CBOW 模型（Continuous Bag-of-Words）和 Skip-Gram 模型。词语的矢量化需要词的语义信息，而语义信息往往来源于一个句子。假设一个长度为 T 的句子为$\{w_1,w_2,w_3,...,w_T\}$，假设每一个词由周围的词决定或每一个词决定相邻的词，因此 Word2vec 基于两种假设就得到两类模型。其中 Skip-Gram 模型直观上是输入单词来进行上下文的预测，即输入 w_t 得到其周围的词，而 Word2vec 模型中另一种 CBOW 模型则是通过给定上下文来预测中间单词，即输入 w_t 周围的词得到 w_t，CBOW 模型和 Skip-gram 模型比较如图 3-7-5 所示。Word2vec 模式训练的目的是能够获取嵌入词向量，其主要思想是首先构建一个神经网络，然后基于训练数据集进行网络训练，最终得到网络的参数就可以作为嵌入词向量。

词向量模型的样本产生通过一个固定的窗口从句前滑动至句尾，每次移动将产生一个样本。假设取目标词 c 范围内的词则滑动窗口长度为 $2c+1$。传统基于简单的神经网络的词训练方法本质上为一个多分类模型，模型简单三层架构如图 3-7-6 所示，通过输入词向量得到输出各个词的概率值并选择概率最高的词作为最终输出词。3-7-6 图示中输出层一般采用 softmax 函数计算所有词的 softmax 概率值，由于实际中往往具有百万级别的词汇表，因此神经网络模型的训练需要开销很大的计算量，谷歌提出的 Word2vec 工具一定程度上克服了计算量大的问题。

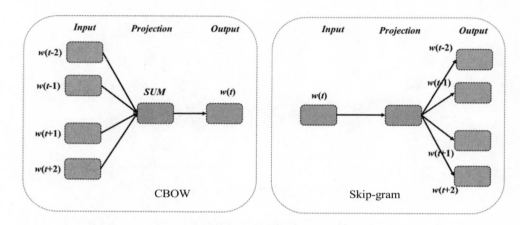

图 3-7-5　CBOW 和 Skip-gram

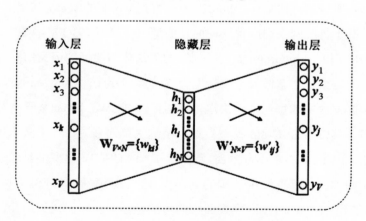

图 3-7-6　基于神经网络的词向量生成结构

Word2vec 针对上述神经网络模型进行了若干改进，改进点归纳如下：

1）输入层到隐藏层映射为简单地将输入词向量求和取均值，并没有采用线性变换和激活函数的方式。

2）隐藏层到输出层为了避免 Softmax 函数带来的复杂计算量，采用霍夫曼树来进行映射，这种方式称为 "Hierarchical Softmax"。

3.7.2 DeepWalk

DeepWalk 算法是一种无监督学习方法，能够直接学习图 G 中网络顶点在一个连续空间中的潜在表达（Latent Representation），一般情况可以采用 DeepWalk 算法实现图结构顶点在低维连续空间中的向量表示，从而实现从向量数值角度对顶点特征的分析。DeepWalk 算法主要包含随机游走序列生成和参数更新两个，其中随机游走序列生成通过从图 G 中进行随机游走随机均匀地选取网络节点，并生成固定长度的随机游走序列，每个节点生成长度为 t 的 γ 个随机游走序列，典型 DeepWalk 算法流程可见算法 3-7-1。

算法 3-7-1（DeepWalk 算法）

输入：$G(V,E)$，窗口尺寸 w，顶点嵌入大小 d，随机游走轮次 γ 和序列长度 t。

输出：顶点的嵌入表示 $\Phi \in R^{|V| \times d}$。

（1）依据 $U^{|V| \times d}$ 初始化 Φ。

（2）依据图顶点 V 构建一颗二叉树 T。

（3）for i=0 to γ #对每个节点做 γ 次随机游走。

1）打乱网络中节点：$Vnew = Shuffle(V)$

2）for each $v_i \in Vnew$

得到节点长度为 t 的随机游走序列：W_{v_i}=RandomWalk(G,v_i,t)

利用梯度的方法对参数进行更新 $SkipGram(\Phi, W_{v_i}, w)$

3）end for

（4）end for

DeepWalk 参数更新算法细节见算法 3-7-2。

算法 3-7-2（SkipGram(Φ, W_{vi}, w)）

输入：Φ、W_{vi} 和 w

（1）for each $v_j \in W_{vi}$

1）for each $u_k \in W_{vi}[j-w:j+w]$

$\quad J(\Phi) = -\log Pr(u_k \mid \Phi(v_j))$

$\quad \Phi = \Phi - \alpha * (\partial J / \partial \Phi)$

2）end for

（2）end for

DeepWalk 算法是图嵌入领域较早的模型，通过借鉴自然语言处理领域嵌入的思想进行网络节点的嵌入表示，极大地促进了图网络的运用和发展。DeepWalk 算法由于采用随机游走算法，存在两个理想的优点：支持增量学习且容易并行化，但是 DeepWalk 无法挖掘图的整体结构，能够挖掘图的局部结构。

3.7.3 Node2vec

Node2vec 算法也是图嵌入模型，和 DeepWalk 算法设计思路一致：首先对图进行随机游走生成随机游走序列，然后对随机游走序列采样得到节点和上下文的组合，最后用处理词向量的方法对这样的组合建模得到网络节点的表示。Node2vec 算法作为 DeepWalk 的扩充，是一种综合考虑深度优先采样邻域和广度优先采样邻域的图嵌入方法。

（1）采样策略。Node2vec 算法采用有偏的随机游走算法生成游走序列，游走过程中对于下一节点的选择通过式 3-7-1 确定，式中 π_{vx} 是顶点 v 和顶点 x 之间的未归一化转移概率，Z 为归一化常数因子。

$$p(c_i = x \mid c_{i-1} = v) \begin{cases} \dfrac{\pi_{vx}}{Z}, if(v,x) \in E \\ 0, otherwise \end{cases} \qquad 3\text{-}7\text{-}1$$

π_{vx} 计算式见式 3-7-2，式中 ω_{vx} 表示顶点 v 和 x 的边权重，d_{tx} 为顶点 t 和顶点 x 之间的最短路径距离。Node2vec 引入两个超参数 p 和 q 来控制随机游走的策略，如图 3-7-7 所示，假设当前随机游走过程通过边(t,v)抵达节点 v 时，计算所得α值。

$$\pi_{vx} = \alpha_{pq}(t,x) \cdot \omega_{vx} \qquad 3\text{-}7\text{-}2$$

其中

$$\alpha_{pq}(t,x) = \begin{cases} \dfrac{1}{p} = if d_{tx} = 0 \\ 1 = if d_{tx} = 1 \\ \dfrac{1}{q} = if d_{tx} = 2 \end{cases}$$

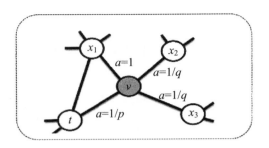

图 3-7-7　Node2vec 节点游走

（2）学习算法。Node2vec 算法获得随机游走序列之后进行 Embedding 学习，学习算法与 DeepWalk 算法大致一致，只是在抽取邻接节点时按照概率的方式进行抽取而不是 DeepWalk 算法中的随机抽取，同时 Node2vec 采用了 Alias 算法进行顶点采样，Node2vec 算法详细步骤如图 3-7-8 所示。

Algorithm 1 The *node2vec* algorithm.

LearnFeatures (Graph $G = (V, E, W)$, Dimensions d, Walks per node r, Walk length l, Context size k, Return p, In-out q)
 π = PreprocessModifiedWeights(G, p, q)
 $G' = (V, E, \pi)$
 Initialize *walks* to Empty
 for *iter* = 1 **to** r **do**
  for all nodes $u \in V$ **do**
   walk = node2vecWalk(G', u, l)
   Append *walk* to *walks*
 f = StochasticGradientDescent$(k, d, walks)$
 return f

node2vecWalk (Graph $G' = (V, E, \pi)$, Start node u, Length l)
 Inititalize *walk* to $[u]$
 for *walk_iter* = 1 **to** l **do**
  curr = *walk*$[-1]$
  V_{curr} = GetNeighbors$(curr, G')$
  s = AliasSample(V_{curr}, π)
  Append s to *walk*
 return *walk*

图 3-7-8　Node2vec 算法

3.8 GraphSage 算法

图卷积网络作为图结构数据中的特征提取经典网络运用广泛，但是图卷积网络只能在一个固定的图上进行学习，一旦图结构进行演化变动或者有新节点或者结构变动，就需要重新学习图结构数据的 Embeding，这导致图卷积对于未知节点的泛化性能不足。GraphSAGE（Graph SAmple and aggreGatE）框架通过训练聚合节点邻居的函数（卷积层），使图卷积网络扩展成归纳学习任务，对未知节点起到泛化作用，即学习一个节点的特征信息是怎样通过其邻接节点的特征聚合表示的，当已知一个节点特征和邻居关系时，能够通过这个学习得到的关系获得其 Embedding 表示，形象说明如图 3-8-1 所示，通过上层对下层节点和邻接节点进行聚合表示，层与层之间通过对邻接节点进行信息聚合，在聚合时聚合 k 次就能扩展到 k 阶邻居，实际中聚合次数一般取得两次就能够取得较好的实验效果。

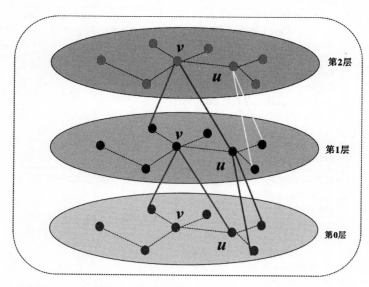

图 3-8-1　GraphSAGE 聚合信息示意图

GraphSAGE 聚合函数在原文中提到了三种，均值聚合（Mean aggregator）、LSTM 聚合（LSTM aggregator）和 Pooling 聚合器（Pooling aggregator）。其中

Mean aggregator 最简单，计算公式见式 3-8-1 和式 3-8-2，即先对邻居的 Embedding 中每个维度取平均，然后与目标节点 Embedding 拼接后进行非线性转换。

$$h_{N(v)}^k = mean(\{h_u^{k-1}, u \in N(v)\}) \qquad 3\text{-}8\text{-}1$$

$$h_v^k = \sigma(W^k \cdot CONCAT(h_v^{k-1}, h_{N(u)}^{k-1})) \qquad 3\text{-}8\text{-}2$$

LSTM 聚合方法中引入了 LSTM 对于序列数据的聚合能力，但是由于图中邻接节点是无序的，需要先对邻接节点进行随机排序，然后将随机的邻居序列 embedding$\{x_t, t \in N(x)\}$输入 LSTM 网络。Pooling 聚合器先对每个邻接节点上一层 embedding 进行非线性变换，然后按照维度应用 pooling（maxpooling 或者 minpooling），以此获取邻接节点某个方面的突出表现或平均表现，Pooling 计算公式见式 3-8-3 和式 3-8-4。

$$h_{N(v)}^k = \max(\{\sigma(W_{pool} h_{ui}^k b)\}, \forall u_i \in N(v)) \qquad 3\text{-}8\text{-}3$$

$$h_v^k = \sigma(W^k \cdot CONCAT(h_v^{k-1}, h_{N(u)}^{k-1})) \qquad 3\text{-}8\text{-}4$$

3.9   本章小结

现实中众多数据都来源于图结构形式，例如社交网络、知识图谱和交通网络等，图结构数据是典型非欧几里得空间数据，针对图结构数据的处理往往需要针对图的数据特征进行建模。本章基于图神经网络介绍了图神经网络中较为常用的相关模型，其中主要涉及了图神经网络中常用的 GCN、图生成网络、图时空网络和相关网络变种。基于部分图网络模型，本章重点介绍了图嵌入的思想。图神经网络作为运用广泛的一类神经网络，在图结构数据中具有较强的运用前景，图结构数据包含了众多的日常生活场景，在交通预测、推荐系统和体态识别方面都运用广泛。

参考文献

[1] Battaglia PW, Hamrick JB, Bapst V, et al. Relational inductive biases, deep learning, and graph networks [DB/OL]. arXiv preprint arXiv: 1806.01261. 2018 Jun 4.

[2] Zhou J, Cui G, Zhang Z, et al. Graph neural networks: A review of methods and applications[DB/OL]. arXiv preprint arXiv: 1812.08434. 2018 Dec 20.

[3] Scarselli F, Gori M, Tsoi AC, et al. The graph neural network model[J]. IEEE Transactions on Neural Networks. 2008,20(1): 61-80.

[4] Kipf TN, Welling M. Semi-supervised classification with graph convolutional networks[DB/OL]. arXiv preprint arXiv: 1609.02907. 2016 Sep 9.

[5] Wu Z, Pan S, Chen F, et al. A Comprehensive Survey on Graph Neural Networks[J]. IEEE Transactions on Neural Networks and Learning Systems, 2020(99): 1-21.

[6] Veličković P, Cucurull G, Casanova A, et al. Graph attention networks[DB/OL]. arXiv preprint arXiv: 1710.10903. 2017 Oct 30.

[7] Gilmer J, Schoenholz SS, Riley PF, et al. Neural message passing for quantum chemistry[DB/OL]. arXiv preprint arXiv: 1704.01212. 2017 Apr 4.

[8] 曹才翰. 中国中学教学百科全书·数学卷[M]. 沈阳：沈阳出版社，1991.

[9] Jamest. 图卷积神经网络（GCN）入门. https://www.cnblogs.com/hellojamest/p/11678324.html(Accessed 2020).

[10] Nicola De Cao, Kipf T. MolGAN: An implicit generative model for small molecular graphs[DB/OL]. arXiv preprint arXiv: 1805. 11973. 2018 May 30.

[11] Schlichtkrull M, Kipf T N, Bloem P, et al. Modeling Relational Data with Graph Convolutional Networks[C] //European Semantic Web Conference. Springer, Cham, 2018.

[12] You J, Ying R, Ren X, et al. Graphrnn: Generating realistic graphs with deep

auto-regressive models[DB/OL]. arXiv preprint arXiv: 1802.08773. 2018 Feb 24.

[13] Li Y, Yu R, Shahabi C, et al. Diffusion convolutional recurrent neural network: Data-driven traffic forecasting[DB/OL]. arXiv preprint arXiv: 1707.01926. 2017 Jul 6.

[14] Yan S, Xiong Y, Lin D. Spatial temporal graph convolutional networks for skeleton-based action recognition[DB/OL]. arXiv preprint arXiv: 1801.07455. 2018 Jan 23.

[15] 黄费涛，杨振国，刘文印. 事件分类：使用 DeepWalk 学习的基线[J]. 工业控制计算机，2019，32（5）：126-128.

[16] Wang J, Huang P, Zhao H, et al. Billion-scale commodity embedding for e-commerce recommendation in Alibaba[C] //Proceedings of the 24th ACM SIGKDD International Conference on Knowledge Discovery & Data Mining, 2018: 839-848.

[17] Bryan Perozzi, Al-Rfou R, Skiena S. Deepwalk: Online learning of social representations[C] //Proceedings of the 20th ACM SIGKDD International Conference on Knowledge Discovery & Data Mining,2014: 701-710.

[18] 华校专. AI 算法工程师手册. http://www.huaxiaozhuan.com/(Accessed 2020).

[19] Grover A, Leskovec J. node2vec: Scalable feature learning for networks[C]// Proceedings of the 22nd ACM SIGKDD International Conference on Knowledge Discovery & Data Mining, 2016: 855-864.

[20] Hamilton W, Ying Z, Leskovec J. Inductive representation learning on large graphs[C] //Advances in neural information processing systems, 2017: 1024-1034.

第 4 章　深度生成模型

4.1　深度生成模型概述

概率统计和机器学习任务中针对判别式模型和生成模型的运用非常常见，判别式模型一般定义根据训练数据对条件概率分布 $p(y \mid x)$ 进行建模，典型的判别式模型有 Logistic 回归、支持向量机和神经网络等，而生成式模型则对训练数据联合概率分布 $p(x, y)$ 进行建模，常见生成式模型有朴素贝叶斯分类器和隐马尔可夫模型。生成模型是通过概率的方法对样本分布本身进行建模。生成模型是一个非常宽泛的概念，除了数据生成（生成样本点=采样）之外，主要用于概率密度估计。深度生成模型则利用深度神经网络的拟合任意函数的能力进行建模，本章主要介绍三类深度生成模型：变分自编码器（VAE）、PixelRNN/CNN、生成对抗网络（GAN）和 Flow 模型。随着近年来研究者的重视，众多的生成模型及其改进模型涌现出来，其中以 GAN 相关算法最多，而实际中 GAN 算法的表现也往往非常出色。深度生成模型由于采用了深度神经网络强大的可以近似拟合任意函数的能力来进行建模，因此在图像、文本和音频等领域具有非常广泛的用途和运用效果。

4.2　自编码器

自编码器（Autoencoder，AE）是由 Nathan Hubens 提出的一种输入等于输出的神经网络模型。自编码器是一种无监督学习方法，具有很好地学习一组数据隐藏特征的能力，一般无监督学习方法可以划分为无监督特征学习（Unsupervised Feature Learning）、概率密度估计（Probabilistic Density Estimation）和聚类

（Clustering）。自编码器由两部分组成：一部分是编码器（Encoder），另一部分是解码器（Decoder）。编码器通过将输入压缩进潜在空间进行表示，解码器则通过对编码器的输出结果进行解码从而期望能够还原原始输入，编码器还原效果越佳，则说明编码器越有效学习到原数据特征表示。自编码器一般通过多层神经网络实现，输入和输出层往往具有相同的结构以确保输入和输出相同，而网络的隐藏层一般会根据任务需要设置结构。典型的自编码器结构如图 4-2-1 所示。自编码器输入 x 和输出 r 可以用函数 $g(f(x))=r$ 来描述，模型最终目的就是让 r 和 x 尽可能相似。自编码器一般损失函数采用均方误差（MSE）函数，函数定义式为

$$MSE = \frac{1}{n}\sum_{i=1}^{n}(r_i - x_i)^2$$

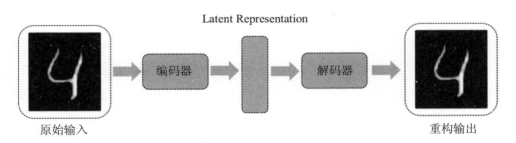

图 4-2-1　自编码器典型结构

一般自编码器分为两种，一种是欠完备自编码器，另一种是正则自编码器，这两种编码器的差异在于隐含层的维度。如果需要从自编码器中获得样本的有效维度特征，一种方法是约束编码层输出 h 的维度，让其维度小于输入样本 X 的维度，这种自编码器称为欠完备自编码器。而正则自编码器则对于 h 的维度没有特别要求，它则是通过设置不同的损失函数来学习数据分布特征的信息。正则自编码器又可以分为两种：一种是降噪自编码器，另一种是稀疏自编码器。降噪自编码器将输入矩阵数据加入噪声污染，稀疏自编码器则是在隐藏层 h 加入稀疏惩罚函数，使隐藏层 h 中大量节点输出值为 0。常用自编码器及其描述总结见表 4-2-1。

表 4-2-1　常用自编码器

名称	描述
多层自编码器	含有多个神经网络隐藏层组成的自编码器，又称为堆叠自编码器，堆叠自编码器训练过程中可以通过逐层训练方法学习更加抽象的特征
卷积自编码器	由 CNN 卷积神经网络组成的自编码器
正则自编码器	包括稀疏自编码器和降噪自编码器，稀疏自编码器隐藏层维度大于输入样本维度

　　自编码器被认为是数据降噪和降维的主要方法，一定程度上可以获得比 PCA 等降维方法更好的效果。自编码器用于图像降噪如图 4-2-2 所示，图中上层图片为加噪声后的 minist 手写体数据集，通过神经网络构造简单的自编码器得到解码器的输出图像，见图中下方，可见自编码器具备很好的去噪声功能。自编码器除了运用于数据降噪和降维，也可运用于其他众多领域，例如推荐系统中的 AutoRec 模型，通过输入用户对物品的评分数据训练自编码器，还有类似 CDAE 模型，通过输入用户的隐式数据，输出推荐信息列表。实际在自编码器的运用过程中，当训练模型收敛结束后，我们会去掉解码器部分只保留编码器部分进行相关操作。

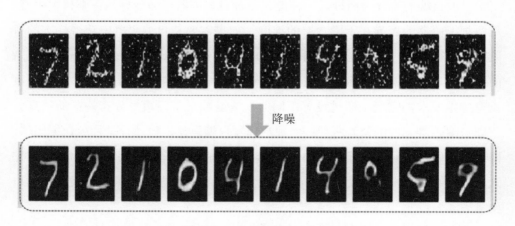

降噪

图 4-2-2　自编码器降噪实例

4.3　变分自编码器及相关变体

4.3.1　变分自编码器

变分自编码器（Variational Auto-Encoder，VAE）是 2014 年由 Diederik P.Kingma 和 Max Welling 提出的一类重要的深度生成模型，我们可以通过对其潜在空间（Latentspace）进行采样，然后通过解码器对其进行解码得到合理的输出。自编码器（AE）将输入转换为其编码矢量，但编码矢量所在潜在空间可能是不连续的，当自编码器的解码部分从潜在空间进行随机抽样生成目标输出时，往往得到一些不切实际的输出，这是因为解码器训练过程中从未感知到这些来源于潜在空间的众多编码矢量。变分自编码器（VAE）和自编码器（AE）建模原理有很大区别，变分自编码器引入了隐变量 Z，变分自编码器将输入变量通过编码器得到隐变量 Z 的分布，然后从隐变量分布进行采样，最终通过解码器输出结果。网络学习的目标是使目标变量的分布函数逼近真实的分布函数。变分自编码器的典型结构示意图如图 4-3-1 所示。

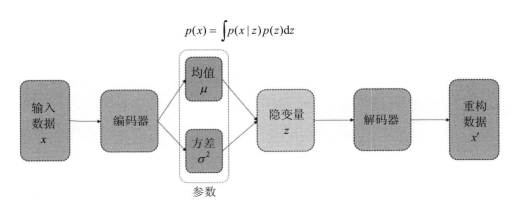

图 4-3-1　变分自编码器结构框图

变分自编码器中引入隐变量可视为潜在特征隐变量，当运用变分自编码器生成一张新的猫脸时，假设隐变量定义为 n 维向量，则这 n 维向量可以代表 n 个决定最终猫脸模样的隐形因素，对于每个决定因素都对应产生一种分布，生成网络则从这些分布关系中进行采样，最终便可以通过一个生成网络生成出和训练样本不太一样的猫脸。实际运用中变分自编码器相较于 GAN，生成效果往往会略微模糊一点，但变分编码器在众多场景依然具有广泛的运用潜力，并且相对于 GAN 的暴力求解，变分自编码器的建模思路无疑要复杂得多，它更能体现理科思维的艺术感。

概率可以用来描述世间万物，描述的是一个动态过程。VAE 理论推断中假设世间万物均可通过概率建模，即可以通过定义一个变量 x 的概率分布 $p(x)$ 来描述整个世界，但是现实世界极其复杂，仅仅用 x 来描述世界我们根本无法知道 $p(x)$ 的具体形式，而求取 $p(\mathrm{x})$ 的值更难，比如描述一个人脸，$p(x=$某个脸$)$ 的概率很难获得。此时 VAE 引入隐变量 z，z 相对变量 x 来说其描述的维度可能更加单一细致，当 x 表示人脸时，z 就可能是人脸的某个维度，比如鼻子形状、眼睛大小、脸部大小和嘴唇颜色等，此时 $p(x)$ 可以表示为一个无限混合的模型，表达式见式 4-3-1，式中 $p(x)$ 是一个混合模型，对于 z 的所有取值都引入条件分布，最后对于 z 进行积分得到 $p(x)$。

$$p(x) = \int_z p(x \mid z) p(z) \mathrm{d}z \qquad 4\text{-}3\text{-}1$$

VAE 作为生成模型，本质是需要得到 $p(x)$，如果得到 $p(x)$ 则直接对其进行采样，就能得到生成模型最终的输出。由于 $p(x)$ 描述复杂，故引入隐变量 z 进行简化计算。

（1）变分推断。变分推断（Variational Inference）是变分法（Calculus Of Variations）在推断问题的应用，概率论中的推断一般指求取后验概率 $p(z|x)$，其中 x 为观测值，z 为隐变量，推断可分为精确推断和近似推断。其中精确推断法通常计算开销较大，实际运用较少，而近似推断作为一种折中算法往往更为常用。近似推断一般分为两类：第一类是采样方法，典型方法是马尔可夫链蒙特卡洛采样（Markov Chain Monte Carlo，MCMC），MCMC 采样使用随机化方法完成近似；第二类方法为变分推断方法，即使用确定性近似完成近似推断，变分推断法中通过已知的简单的分布来逼近需要推断的复杂分布，并通过限制近似分布的类型得到局部最优。

变分推断图模型的盘式记法如图 4-3-2 所示，观测数据 $X=\{x_1,x_2,...,x_N\}$ 由隐变量 z 决定，θ 参数为 x 和 z 服从的分布参数，N 为数据样本数量，变分推断引入隐变量建模的目的是得到关于隐变量的分布 $p_\theta(z\,|\,x)$，变分推断引入 $q_\phi(z)$ 分布来不断逼近后验分布 $p_\theta(z\,|\,x)$。

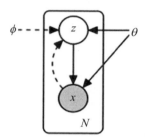

图 4-3-2　变分推断盘式记法图

实际任务中假设存在一组观测变量 x 和一组隐变量 z，推断问题需要求解条件概率密度 $p(z\,|\,x)$，根据贝叶斯公式条件概率 $p(z\,|\,x)$ 计算式可转换为对 $p(x,z)$ 的联合概率密度函数进行求解，详细数学表达式见式 4-3-2。但实际中隐变量 z 可能是多维隐变量，直接对式中的积分求解存在一定困难。

$$p(z\,|\,x) = \frac{p(x,z)}{p(x)} = \frac{p(x,z)}{\int p(x,z)\mathrm{d}z} \qquad 4\text{-}3\text{-}2$$

变分推断引入一个简单的已知分布 $q*(z)$ 来近似分布 $p(z|x)$，$q*(z)$ 的分布理论上不依赖于 x 变量且实际中一般取正态分布。通过引入 KL 散度对 $q*(z)$ 和 $p(z|x)$ 进行度量得到优化问题定义式：

$$q*(z) = \arg\min KL(q*(z), p(z\,|\,x)) \qquad 4\text{-}3\text{-}3$$

由于上式 KL 散度公式中 $p(z|x)$ 依旧很难计算，则上式进一步计算有

$$\begin{aligned}
\log p(x) &= \int_z q(z)\log p(x)\mathrm{d}z \\
&= \int_z q(z)[\log p(x,z) - \log p(z\,|\,x)]\mathrm{d}z \\
&= \int_z q(z)\log\frac{p(x,z)}{q(z)}\mathrm{d}z - \int_z q(z)\log\frac{p(z\,|\,x)}{q(z)}\mathrm{d}z \\
&= ELBO(q,x) + KL(q(z), p(z\,|\,x))
\end{aligned}$$

变分推断优化问题根据式 4-3-3 可进一步表示为式 4-3-4，其中 $q*(x)$ 为一个已知简单分布，同时为了进一步简化运算，假设 z 变量的多个维度之间满足相互独立性假设，z_m 为隐变量子集。

$$q*(z) = \prod_{m=1}^{M} q_m(z_m)$$
$$q*(z) = \arg\min \log p(x) - ELBO(q, x)$$
$$= \arg\max ELBO(q, x)$$

4-3-4

为了让 $ELOB$ 尽可能地趋近其上界，假设 $z = \{z_1, z_2, ..., z_n\}$，$Q(z) = Q(z_1)Q(z_2)Q(z_3)...Q(z_n)$，$z_n$ 之间假设是独立同分布（为了后续计算便捷，以独立同分布进行说明），则 $ELOB$ 的继续演化公式为

$$L(Q) = \int_z \ln P(x, z)Q(z)\mathrm{d}z - \int_z \ln Q(z)Q(z)\mathrm{d}z$$
$$= \int_{z_1}...\int_{z_n} \prod_{i=1}^{n} Q_i(z_i) \ln P(x, z)\mathrm{d}z_1...\mathrm{d}z_n - \sum_{i=1}^{n} (\int_{z_i} Q_i(z_i) \ln Q_i(z_i)\mathrm{d}z_i)$$

上式等号右侧可以表示为 part1+part2，对于 part1 和 part2 两个部分分别进行了化简，说明最终 $ELOB$ 的结果是一个负 KL 散度值，则当前最大化 $ELOB$ 等价于最小化式中 KL 散度值且 $ELOB$ 最大值为 0（当且仅当 $\ln Q_i(z_j) = E_{i \neq j}[\ln P(x, z)]$。最后可以通过不断迭代得到期望值，即得到 $\ln Q(z)$ 的固定值、最大 $ELOB$ 值，从而确定 KL 散度与 Q 的分布。

（2）推断网络。变分推断网络目标是使 $q(z|x;\phi)$ 接近真实后验 $p(z|x;\theta)$，实际中设定分布 $q(z|x;\phi)$ 为高斯分布，变分推断中定义推断网络 $f_I(x;\phi)$ 来预测高斯分布参数项均值和方差：

$$q(z|x;\phi) = N(z; \mu_I, \sigma_I^2)$$
$$\begin{bmatrix} \mu_I \\ \sigma_I^2 \end{bmatrix} = f_I(x;\phi)$$

假设推断网络为最简单的二层全连接神经网络，则网络各层输出情况有：

$$h = \sigma(W^{(1)}x + b^{(1)})$$
$$\mu = W^{(2)}h + b^{(2)}$$

$$\sigma_I^2 = softplus(W^{(3)}h + b^{(3)})$$

推断网络用于原始输入数据的变分推断，最终生成隐变量 z 的变分概率分布，推断网络目标是使 $q(z \mid x;\phi)$ 接近真实后验 $p(z \mid x;\theta)$，则推断网络优化问题定义为

$$\phi^* = \arg\max KL(q(z \mid x;\phi), p(z \mid x;\theta))$$

$$KL(q(z \mid x;\phi), p(z \mid x;\theta)) = \log p(x;\theta) - ELBO(q,x;\theta,\phi)$$

$$\phi^* = \arg\min ELBO(q,x;\theta,\phi)$$

（3）生成网络。生成网络联合分布 $p(x,z;\theta) = p(z;\theta)p(x \mid z;\theta)$，其中 $p(z;\theta)$ 为 z 的先验分布，$p(x \mid z;\theta)$ 由生成网络来近似表示。由推断网络可知 z 的分布假设为标准高斯分布 $N(0,I)$ 且各个维度之间保持独立性。变分自编码器生成网络 $p(x \mid z;\theta)$ 同样采样神经网络来近似拟合，根据 x 变量的不同，实际假设似然函数 $p(x \mid z;\theta)$ 可以服从不同的分布，当 x 为 D 维连续向量时，$x \in \mathbf{R}^D$，则 $p(x \mid z;\theta)$ 服从高斯分布，有

$$p(x \mid z;\theta) = N(x;u_G,\sigma_G^2)$$

生成网络 $f_G(z;\theta)$ 目标则是学习 θ 参数，使得 $ELBO(q,x;\theta,\phi)$ 最大化。

$$\theta^* = \arg\max ELBO(q,x;\theta,\phi)$$

（4）训练。变分自编码器作为一种深度生成模型通过变分处理，规避了计算复杂的边缘似然函数和 MCMC 采样计算过程。如图 4-3-3 所示变分自编码器训练过程，假设编码器部分输入样本数据为 $x = \{x_1, x_2, x_3, x_4\}$，结果编码器（推断网络）神经网络得到 $p(z \mid x) = N(\mu,\sigma)$ 参数项均值和方差。变分自编码器假设中间隐变量 z 的各个维度之间存在相互独立性，则解码器部分（生成网络）通过对隐变量 z 服从的高斯分布进行采样，最终通过神经网络生成样本。变分自编码器具有非常好的可扩展性，实际中变分自编码器中的编码器和解码器可以是任何一类神经网络，如卷积网络 CNN、循环神经网络 RNN 和多层感知机 MP。

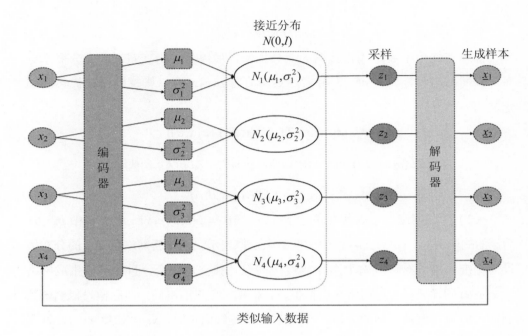

图 4-3-3　变分自编码器训练过程图

4.3.2　条件变分自编码器

变分自编码器的训练过程只需要输入一类数据，这就导致最终解码器只能生成与输入类似的数据，因此相关学者通过将原始数据和其对应类别共同作为编码器的输入，从而提出了可以用于生成指定类别数据的条件变分自编码器（CVAE）。CVAE 推导过程和 VAE 较为类似，CVAE 的变分下界推导后有式 4-3-5，x 代表加入的条件变量，y 为需要构建分布模型的数据，隐变量 Z 服从 x 和 y 联合条件下的概率分布。

$$\log p_\theta(y\,|\,x) \geqslant -D_{KL}(q_\phi(z\,|\,x,y)\,\|\,p_\theta(z\,|\,x)) + E_{q_\phi(z\,|\,x,y)}\log p_\theta(y\,|\,x,z) \qquad 4\text{-}3\text{-}5$$

CVAE 模型架构图如图 4-3-4 所示，图中解码器代表生成过程 $p(y\,|\,x,z)$，以条件 x 和隐变量 z 作为输入，输出 $p(y\,|\,x,z)$ 的分布参数，z 的后验分布 $p(z\,|\,x,y)$ 是一个多元高斯。

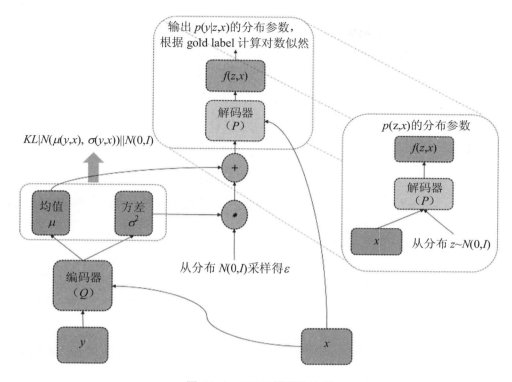

图 4-3-4　CVAE 模型结构图

4.4　PixelRNN/CNN

PixelCNN 是 2016 年 DeepMind 公司提出的生成模型，Gated PixelCNN 可以生成大量的有变化的图片。论文中指出生成模型主要有基于最大似然的模型和隐式生成的模型，基于最大似然的模型有变分自编码器（VAE）和自回归模型（Autoregressive Models）等，隐式生成的模型主要有生成对抗网络（GAN）。GAN 目前虽然在众多领域运用广泛，但是 GAN 仍然很难进行模型的比较，其泛化性能一定程度上由于 GAN 并未见过所有样本而出现不足，而且模型会出现模式坍塌和数据多样性的损失。PixelCNN/RNN 模型属于最大似然模型，PixelCNN 模型的出现是基于原作者 PixelRNN 方面的工作，PixelRNN 模型基本是直接采用 NLP 的方法 Grid LSTM 并运用至图像领域，在 PixelRNN 论文中也提及了作为基线系统的 PixelCNN，只是由于盲点的问题（预测下一个像素时没有用到所有之前的像素信息）导致生成效果不如 PixelRNN 好，而后 DeepMind 团队又公布了 Gated PixelCNN 模型。

图片生成模型需要基于像素点的概率分布进行建模，训练好模型之后，只要给这个模型一组关于训练图片的描述性的向量（这些向量可以是一组具有描述性的标签，也可以是基于其他网络生成的特征信息），生成模型就能生成大量类似的图片。图像由单个像素构成，要生成整个图像就需要生成单个像素，最简单的方法是一个一个像素点逐次生成，同时生成过程中参考前面像素点，用概率表示见式 4-4-1，其中 x_i 是第 i 个像素点。

$$p(x) = \prod_{i=1}^{n \times n} p(x_i \mid x_1, ..., x_{i-1}) \qquad 4\text{-}4\text{-}1$$

PixelRNN 实现过程中层的设计有两种 RNN，一种是传统的 LSTM，其在每一行作卷积，第二种是 Diagonal BiLSTM，在图像的对角线作卷积。PixelCNN 通过 CNN 中的卷积操作来实现像素特征提取，但是标准的卷积层会对有像素的信息一次性进行提取，而在 PixelCNN 中往往只需要提取待预测像素点之前的像素信息，所以 PixelCNN 运用 masked 卷积核和去掉池化层来进行建模。虽然 PixelCNN 在运行速度上优于 PixelRNN，但是生成图片的效果却没有 PixcelRNN 好，这主要是由于 PixelCNN 中采用 mask 存在盲点的问题，导致在卷积过程中一部分像素点无法进行提取信息，而 PixelRNN 中基于 LSTM 模型可以有效地获取生成像素点之前的所有像素信息。Wavenet 和 PixelCNN 基本上属于孪生兄弟，结构非常类似，但是从生成的音频质量来看要比 PixelCNN 生成的图片成功得多，这个模型是直接用声音的原始波形来进行训练的。

4.5　生成式对抗模型

4.5.1　经典 GAN 模型

生成式对抗模型（GAN）是 Goodfellow 在 2014 年提出的一种生成模型，将对抗博弈的思想引入生成模型和判别模型，使它们相互进化提高，生成模型中典型的 VAE 模型一般生成的图像较为模糊，而 GAN 模型往往具有比 VAE 更好的生成效果。典型 GAN 模型如图 4-5-1 所示，图中 GAN 主要由一个生成器和一个判别器构成，两者都具有非线性映射能力。生成器通过输入一定的维度向量生成目标数据，目标数据包括图片、文本或语音等，判别网络则尽可能分辨出真实样本数据和生成数据，即对于样本真实数据给予更高的分值，对于生成器的生成数据给予更低的分值，通过判别器和生成器不断地博弈，最终生成器能够生成更真实的目标数据。

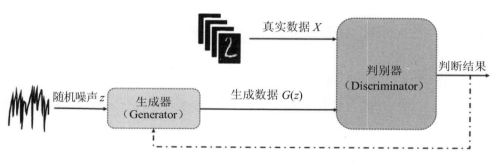

图 4-5-1　典型 GAN 结构图

GAN 模型中判别网络（Discriminator Network）采用 $D(x;\phi)$ 进行表示，判别网络目标是判断输入样本 x 是来自真实分布还是来自生成网络 $G(z;\theta)$ 的生成样本，判别网络的作用类似一个二分类器，需要将输入样本分为两个类别。当给定一个样本集合 (x,y)，其中 $y=\{0,1\}$，y 为样本标签，当取值为 0 时，表示输入样本 x 来源于生成模型；当取值为 1 时，表示输入样本 x 来源于样本真实分布。通过交叉熵函数能够定义判别网络目标函数，交叉熵损失函数是常用的神经网络目标函数，在二分类中交叉熵损失函数定义见式 4-5-1，式中 y_i 表示样本 i 的标签（正类为 1，负类为 0），p_i 表示预测为正的概率。

$$Loss = \frac{1}{N}\sum_i L_i = \frac{1}{N}i\sum -[y_i \cdot \log(p_i) + (1-y_i) \cdot \log(1-p_i)] \qquad 4\text{-}5\text{-}1$$

根据交叉熵函数定义判别网络的目标函数为

$$\min_{\phi} -\{E_x[y\log p(y=1\,|\,x) + (1-y)\log p(y=0\,|\,x)]\}$$

GAN 模型中生成网络（Generator Network）的目标是生成让判别网络误认为生成样本的真实样本，则生成网络目标函数为

$$\max_{\theta} \{E_{z\sim p(z)}[\log D(G(z;\theta);\phi)]\}$$

由于 GAN 包含两个网络且两个网络的目标刚好相反，针对 GAN 模型的训练是 GAN 需要重点关注的问题，一般情况下 GAN 网络的训练较为不稳定，为了很好地在训练过程中平衡判别网络和生成网络并使之相互进步，最开始训练网络时判别网络的判别能力不能太强和太弱，太强则无法提升生成网络能力，太弱则训练生成网络性能也会不太好。实际对抗训练过程中，往往每次迭代设置判别网络比生成网络能力强一点即可。典型 GAN 网络的训练过程见算法 4-5-1。

算法 4-5-1（GAN 训练过程）

输入：训练数据集 D，对抗迭代次数 T，小批量样本数量 m。

输出：生成网络 $G(z;\theta)$。

（1）随机初始化生成网络参数 θ 和判别网络参数 ϕ

（2）from t=0 to T:

1）从训练样本集 D 中获得 m 个样本 $\{x_1, x_2, .., x_m\}$

2）从分布 $N(0, I)$ 中采样 m 个样本 $\{z_1, z_2, ..., z_m\}$

3）生成网络 $G(z;\theta)$ 生成 m 个样本 $\{x_1^*, x_2^*, ..., x_m^*\}$

4）使用随机梯度算法更新判别网络参数 ϕ，梯度为

$$\tilde{V} = \frac{1}{m}\sum_{i=1}^{m}\log D(x_i) + \frac{1}{m}\sum_{i=1}^{m}\log(1 - D(x_i^*))$$

$$\phi_g \leftarrow \phi_g - \eta\nabla\tilde{V}(\phi_g)$$

5）从分布 $N(0, I)$ 中采样 m 个样本 $\{z_1, z_2, ..., z_m\}$

6）更新生成网络参数 θ

$$\tilde{V} = \frac{1}{m}\sum_{i=1}^{m}\log(1 - D(G(z^i)))$$

$$\theta_g \leftarrow \theta_g - \eta\nabla\tilde{V}(\theta_g)$$

4.5.2 条件 GAN

经典的 GAN 模型可以通过对生成器随机输入一个维度的变量让生成器产生对应的目标数据，但是此时的 GAN 仍然是在原始的一堆图片基础上学习到生成能力，其生成是随机的。因此，对于部分需求我们需要在 GAN 中加入一些额外的条件信息来指导 GAN 的生成和训练，这些额外的信息可以是类别信息等，例如我们通过 MINIST 数据对手写数字进行 GAN 生成，典型的 GAN 生成器通过我们随机输入的向量可以随机生成不同数字的不同手写体形式，当我们需要 GAN 能够根据我们指定的数字生成其对应的手写体时，条件 GAN 就能很好满足我们的需求。

条件 GAN（Condition Generation）相较于典型的 GAN 模型在生成器和判别器中均加入了条件，其典型框图结构如图 4-5-2 所示，图中生成器和判别器输入均加入条件向量 c，其中判别器针对输入 x 和 c 往往具有三种不同的判断：针对条件和真实样本图片匹配时会获得高分，针对条件和生成图片时判别器给予低分，当输入条件和真实样本图片不匹配时也会获得低分。相较于典型 GAN 网络，条件 GAN 需要生成满足条件的目标数据。

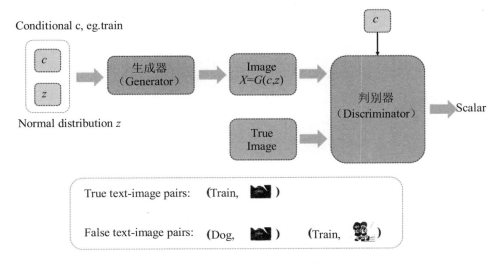

图 4-5-2　条件 GAN 典型结构图

对比典型 GAN 的目标函数，条件 GAN 的目标函数见式 4-5-2，式中 y 表示条件，$D(x|y)$ 表示判别器的判别分数，$G(z|y)$ 表示生成器的生成结果。

$$\min_G \max_D V(D,G) = E_{x \sim P_{\text{data}}(x)}[\log D(x \mid y)] + E_{z \sim P_z(z)}[\log(1 - D(G(z \mid y)))] \quad 4\text{-}5\text{-}2$$

4.6　GAN 变种模型

典型的 GAN 模型通过生成器和判别器迭代进行训练以获得更好的生成效果，但是典型 GAN 模型很多方面并不成熟，典型 GAN 模型存在的问题主要是梯度消失和模式崩溃问题（Collapsemodel），并且在判别器训练得越好的时候，生成器的梯度消失得越严重，模式崩溃则是指 GAN 生成不了多样性的目标数据，往往会生成与真实训练样本相似的样本，该缺陷对于工程运用领域是不容忽视的。为了解决诸多的问题而衍生出了众多的改进模型，由于篇幅限制本文精选其中典型的改进模型进行说明，包括 WGAN、InfoGAN 和 VAE-GAN。

4.6.1　WGAN 算法

WGAN 算法（Wasserstein GAN）是对传统 GAN 算法的一种改进，传统 GAN 一般基于 JS 散度或者 KL 散度进行损失函数构建，但是因此也往往造成训练过程的不稳定。WGAN 主要通过 Wasserstein 距离解决了传统 GAN 训练过程中生成器和判别器损失函数无法指示训练过程的问题、生成样本缺乏多样性的问题和模型训练困难的问题。JS 散度或者 KL 散度作为判别器损失函数存在梯度消失和梯度不稳定等问题，其问题描述如图 4-6-1 所示，假设 p_G 和 p_{data} 分别代表 GAN 模型中的生成器生成样本和真实样本分布，由于典型 GAN 模型中判别器目标需要最大程度区分生成器生成样本和真实样本，如果 p_G 和 p_{data} 分布离得较远（分布无重叠部分），此时 KL 散度值没有意义而 JS 散度值是一个常数 log2，这在学习算法中会导致这一点的梯度为 0（消失），则生成器无法继续学习变得更好。

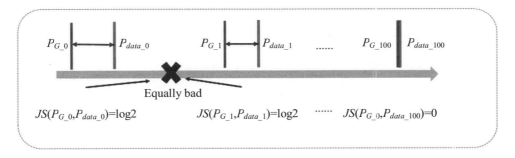

图 4-6-1　JS 散度常数值

WGAN 算法通过 Wasserstein 距离进行优化，Wasserstein 距离又称为 Earth-Mover（EM）距离，其公式表达见式 4-6-1，式中$\Pi(p_1, p_2)$是分布 p_1 和分布 p_2 组合起来的所有可能的联合分布的集合。

$$W(p_1, p_2) = \inf_{\gamma \sim \Pi(p_1, p_2)} E_{(x,y) \sim \gamma}[\|x - y\|] \qquad \text{4-6-1}$$

Wasserstein 距离图示化表示如图 4-6-2 所示，Wasserstein 距离和 KL 散度一样都用来度量两个概率分布之间的距离，Wessertein 距离相比 KL 散度和 JS 散度的优势在于即使两个分布没有重叠或者重叠非常少，仍然能反映两个分布的远近，而 JS 散度在此情况下是常量，KL 散度可能无意义。WGAN 中运用 Wasserstein 存在如下优点：

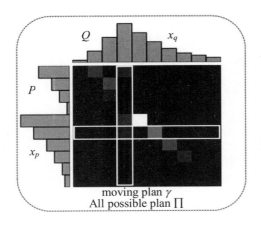

Average distance of a plan γ :

$$B(\gamma) = \sum_{x_p, x_q} \gamma(x_p, x_q) \| x_p - x_q \|$$

Earth Mover's Distance:

$$W(P, Q) = \min_{\gamma \in \Pi} B(\gamma)$$

图 4-6-2　Wasserstein 距离

（1）训练过程中，Wasserstein 距离能计算出两种样本的细微差异，即便 p_{data} 和 p_G 之间没有重叠的情况。

（2）拥有优越的平滑特性，可以解决 GAN 训练过程中梯度消失的问题。

（3）WGAN 模型能有效平衡生成器和判别器的训练程度，同时生成的样本具有多样性。

（4）在训练过程中可以设定一个类似交叉熵、错误率的数值来指示训练的过程，该数值越小代表 WGAN 训练得越好，生成器生成的图片质量也就越高。

由于 Wasserstein 距离很难直接进行求解，则 WGAN 算法中引入了 Lipschitz 连续来限制函数的变动幅度，基于 Wasserstein 距离的 WGAN 算法损失函数定义见式 4-6-2，式中 $D \in 1\text{-}Lipsschitz$ 的目的是让 p_{data} 和 p_G 分布相差不要太大，表示判别器要符合 $1\text{-}Lipsschitz$ 函数。

$$W(p_{data}, p_G) = \max_{D \in 1\text{-}Lipsschitz} \{E_{x \sim p_{data}}[D(x) - E_{x \sim p_G}[D(x)]]\} \qquad 4\text{-}6\text{-}2$$

式 4-6-2 将生成网络和判别网络损失函数分开如下：

$$\text{生成器：} -E_{x \sim p_G}[D(x)]$$

$$\text{判别器：} E_{x \sim p_G}[D(x)] - E_{x \sim p_{data}}[D(x)]]$$

WGAN 算法流程如图 4-6-3 所示。

Algorithm 1 WGAN, our proposed algorithm. All experiments in the paper used the default values $\alpha = 0.00005$, $c = 0.01$, $m = 64$, $n_{critic} = 5$.

Require: α, the learning rate. c, the clipping parameter. m, the batch size. n_{critic}, the number of iterations of the critic per generator iteration.
Require: w_0, initial critic parameters. θ_0, initial generator's parameters.
1: **while** θ has not converged **do**
2:     **for** $t = 0, ..., n_{critic}$ **do**
3:         Sample $\{x^{(i)}\}_{i=1}^{m} \sim \mathbb{P}_r$ a batch from the real data.
4:         Sample $\{z^{(i)}\}_{i=1}^{m} \sim p(z)$ a batch of prior samples.
5:         $g_w \leftarrow \nabla_w \left[\frac{1}{m} \sum_{i=1}^{m} f_w(x^{(i)}) - \frac{1}{m} \sum_{i=1}^{m} f_w(g_\theta(z^{(i)})) \right]$
6:         $w \leftarrow w + \alpha \cdot \text{RMSProp}(w, g_w)$
7:         $w \leftarrow \text{clip}(w, -c, c)$
8:     **end for**
9:     Sample $\{z^{(i)}\}_{i=1}^{m} \sim p(z)$ a batch of prior samples.
10:     $g_\theta \leftarrow -\nabla_\theta \frac{1}{m} \sum_{i=1}^{m} f_w(g_\theta(z^{(i)}))$
11:     $\theta \leftarrow \theta - \alpha \cdot \text{RMSProp}(\theta, g_\theta)$
12: **end while**

图 4-6-3　WGAN 算法流程图

4.6.2　InfoGAN 算法

由于一般 GAN 的生成器的输入为一个连续的噪声向量，往往没有任何约束，这导致生成器生成的对象和输入向量存在解释性差的关系。InfoGAN 算法是发表在 2016 年 NIPS 上的论文，其成功让网络学到了可解释的特征，通过 InfoGAN 能够实现通过设定输入生成器的隐含编码来控制生成数据的特征，即在 GAN 算法中将输入向量 z 分割为两个部分——c 和 z，其中 c 为一个约束参数，和生成器生成结果相关，例如生成图像类别。同时 InfoGAN 算法对于生成器生成的结构进一步运用一个分类器进行分类，分类器分类结果为 c。InfoGAN 算法基本结构如图 4-6-4 所示，图中生成器输入包含两个部分——随机噪声 z 和若干隐变量拼接而成的 c，c 可以为离散型或者连续型变量，对于 MINIST 数据集中生成手写数字，c 可分为离散和连续两个部分，离散部分取值为 0～9（表示生成的具体数），连续部分有两个连续型随机变量（分别表示生成数字的倾斜度和粗细度）。

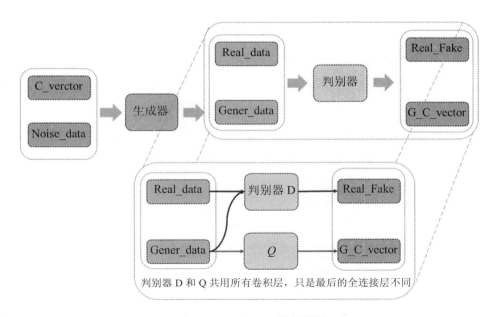

图 4-6-4　InfoGAN 结构框图

为了让隐变量 c 和生成的数据的特征产生关联，InfoGAN 引入互信息来对 c

进行约束，其目标函数定义见式 4-6-3，式中 $I(c;G(z,c))$ 表示 c 和 $G(z,c)$ 之间的互信息，互信息值越大说明 c 和生成器之间的关联越强。

$$\min_G \max_D V_I(D,G) = V(D,G) - \lambda I(c;G(z,c))$$ 4-6-3

由于实际中互信息计算很难获得 $p(c|x)$，因此采用变分推断的方法引入变分分布 $Q(c|x)$ 来逼近 $p(c|x)$，则 InfoGAN 最终目标函数为

$$\min_G \max_D V_{InfoGAN}(D,G,Q) = V(D,G) - \lambda L_1(G,Q)$$

4.6.3　VAE-GAN 算法

VAE-GAN 算法主要包括三个部分：编码器（Encoder）、生成器（Generator）和判别器（Descrimetor）。其中编码器主要负责对输入数据进行特征提取，提取后的特征向量会直接输入生成器，VAE-GAN 和一般 GAN 通过随机采样得到的输入向量不同。而 VAE-GAN 的生成器和判别器与普通 GAN 并无差别。VAE-GAN 作为类似条件 GAN，其优点是生成的图像一般多样性较高，生成图像一般较为稳定。但是由于编码器提取的特征一般输入特定类别的特征，这就导致其生成的图像一般很难有较大的变化。典型 VAE-GAN 算法流程如图 4-6-5 所示。

Algorithm 1 Training the VAE/GAN model
$\boldsymbol{\theta}_{Enc}, \boldsymbol{\theta}_{Dec}, \boldsymbol{\theta}_{Dis} \leftarrow$ initialize network parameters
repeat
  $\boldsymbol{X} \leftarrow$ random mini-batch from dataset
  $\boldsymbol{Z} \leftarrow Enc(\boldsymbol{X})$
  $\mathcal{L}_{prior} \leftarrow D_{KL}(q(\boldsymbol{Z}|\boldsymbol{X})\|p(\boldsymbol{Z}))$
  $\hat{\boldsymbol{X}} \leftarrow Dec(\boldsymbol{Z})$
  $\mathcal{L}_{llike}^{Dis_l} \leftarrow -\mathbb{E}_{q(\boldsymbol{Z}|\boldsymbol{X})}[p(Dis_l(\boldsymbol{X})|\boldsymbol{Z})]$
  $\boldsymbol{Z}_p \leftarrow$ samples from prior $\mathcal{N}(0,\boldsymbol{I})$
  $\boldsymbol{X}_p \leftarrow Dec(\boldsymbol{Z}_p)$
  $\mathcal{L}_{GAN} \leftarrow \log(Dis(\boldsymbol{X})) + \log(1 - Dis(\hat{\boldsymbol{X}}))$
          $+ \log(1 - Dis(\boldsymbol{X}_p))$

  // Update parameters according to gradients
  $\boldsymbol{\theta}_{Enc} \xleftarrow{+} -\nabla_{\boldsymbol{\theta}_{Enc}}(\mathcal{L}_{prior} + \mathcal{L}_{llike}^{Dis_l})$
  $\boldsymbol{\theta}_{Dec} \xleftarrow{+} -\nabla_{\boldsymbol{\theta}_{Dec}}(\gamma\mathcal{L}_{llike}^{Dis_l} - \mathcal{L}_{GAN})$
  $\boldsymbol{\theta}_{Dis} \xleftarrow{+} -\nabla_{\boldsymbol{\theta}_{Dis}}\mathcal{L}_{GAN}$
until deadline

图 4-6-5　VAE-GAN 算法

4.7　Flow 模型

生成模型除了典型的 VAE（自回归模型）和 GAN 模型以外，基于 Flow 的模型也是生成模型的主要成员。Flow 模型和 GAN 模型一样历史悠久，只是相对 GAN 模型 Flow 模型更多偏向于数学表达。目前较经典的 Flow 模型主要有较早的 NICE 模型和 RealNVP，以及 OpenAI 提出的知名 GLOW 模型，GLOW 模型相较 GAN 模型在图像生成领域也达到了让人惊艳的效果。生成模型本质是通过一个概率模型 $q_\theta(x)$ 来描述所给样本数据，PixelRNN 和 PixelCNN 这类模型利用链式法则将图像 x 的似然分解为一维分布的乘积。

4.7.1　数学理论基础

（1）雅克比矩阵（Jacobian）定义为一阶偏导数以一定方式排列而成的矩阵。假设两个向量 $Z=[z_1,z_2]$ 和 $X=[x_1,x_2]$，且定义函数有 $x=f(z)$，$z=f^{-1}(x)$，则 Jacobian 矩阵定义为

$$J_f = \begin{bmatrix} \partial x_1/\partial z_1, \partial x_1/\partial z_2 \\ \partial x_2/\partial z_1, \partial x_2/\partial z_2 \end{bmatrix}$$

$$J_{f^{-1}} = \begin{bmatrix} \partial z_1/\partial x_1, \partial z_1/\partial x_2 \\ \partial z_2/\partial x_1, \partial z_2/\partial x_2 \end{bmatrix}$$

（2）矩阵运算中行列式（Determinant）定义为一个数值，行列式的几何意义为行列式中的行或列向量所构成的超平行多面体的有向面积或有向体积，行列式和雅克比矩阵有如下性质：

$$\det(A) = 1/\det(A^{-1})$$
$$\det(J_f) = 1/\det(J_{f^{-1}})$$

（3）针对一个随机变量 x 和 z，各自的概率分布为 $p(x)$ 和 $\pi(z)$，且 x 和 z 具有关系 $x = f(z)$，则以下等式成立。

$$p(x')\Delta x = \pi(z')\Delta z$$

$$p(x') = \pi(z')\left|\frac{dz}{dx}\right|$$

$$p(x')\,|\det(J_f)| = \pi(z')a$$

$$p(x') = \pi(z')\,|\det(J_{f^{-1}})|$$

4.7.2 Flow 模型简介

Flow 的中文含义为"流",Flow 模型进行生成操作时,多个生成器(Generator)首尾连接在一起,一步一步不断生成最终的分布。对于生成器而言,其最终目的是生成样本的分布($P_G(x^i)$)和真实数据的分布尽可能相似,则具有以下目标函数,式中 z 为生成器输入向量,G 为生成器,G^{-1} 表示生成器的逆(输入 x 得到 z 值),$z^i = G^{-1}(x^i)$。

$$G^* = \arg\max_G \sum_{i=1}^m \log P_G(x^i)$$

其中
$$P_G(x^i) = \pi(z^i)\,|\det(J_{G^{-1}})|$$

引入最大似然方法,则需要 $P_G(x^i)$ 的取值最大,则得到下式。由于需要得到最大概率值,则需要计算 $\det(J_G)$ 和 G^{-1}。

$$\log(P_G(x^i)) = \log(\pi(G^{-1}(x^i))) + \log(|\det(J_{G^{-1}})|)$$

为了计算上式,相关算法引入 Coupling Layer 的方法来进行,Coupling Layer 方法是让生成器的输入向量分为两个部分 $A_1 = [z_1, z_d]$ 和 $A_2 = [z_{d+1}, z_D]$,其中针对生成器的输出部分 $X = [x_1, x_D]$,让生成器的 $X_1 = [x_1, x_d] = [z_1, z_d]$,而 $X_2 = [x_{d+1}, x_D] = \beta \cdot X_2 + \gamma$($\beta = F(A_1)$,$\gamma = H(A_1)$)。通过 Coupling Layer 方法即可获得上式未知变量。

$$\det(J_G) = \beta_{d+1}\beta_{d+2}...\beta_D$$

4.8　本章小结

深度生成模型是近年的研究热点,是解锁复杂人工智能技术的关键点。深度生成模型的运用范围极其广泛，首先利用生成模型可以生成大量的样本，这一定程度上解决了人工智能领域数据集匮乏的问题，其次生成模型能够辅助众多模型进行训练，例如强化学习中利用深度生成模型生成若干环境来辅助加强智能体的学习，生成模型从原始数据进行学习之后构建出类似学习数据的特征，这一定程度上类似人脑对真实世界认识和模拟的过程。本章基于当前深度生成模型的发展主要介绍了生成模型的原理和相关模型，以及生成模型常用的建模思路，对其中的经典算法进行了概述，特别是对于 GAN 算法及其改进算法进行了较为详细的介绍。

参考文献

[1] 翟正利，梁振明，周炜，等. 变分自编码器模型综述[J]. 计算机工程与应用，2019，55（3）：1-9.

[2] 梁俊杰，韦舰晶，蒋正锋. 生成对抗网络 GAN 综述[J]. 计算机科学与探索，2020，14（1）：1-17.

[3] David Foster. Generative deep learning: teaching machines to paint, write, compose, and play[M]. Beijing:O'Reilly Media, 2019.

[4] 史丹青. 生成对抗网络入门指南[M]. 北京：机械工业出版社，2018.

[5] Oord A V D, Kalchbrenner N, Kavukcuoglu K. Pixel recurrent neural networks [DB/OL]. arXiv preprint arXiv: 1601.06759. 2016 Jan 25.

[6] Goodfellow I, Pouget-Abadie J, Mirza M, et al. Generative adversarial nets[C] // Advances in neural information processing systems,2014:2672-2680.

[7] Sohn K, Lee H, Yan X. Learning structured output representation using deep conditional generative models[C] // Advances in neural information processing systems,2015:3483-3491.

[8] Mirza M, Osindero S. Conditional generative adversarial nets [DB/OL]. arXiv preprint arXiv:1411.1784. 2014 Nov 6.

[9] Arjovsky M, Chintala S, Bottou L. Wasserstein gan [DB/OL]. arXiv preprint

arXiv:1701.07875. 2017 Jan 26.

[10] 王德文，李业东. 基于 WGAN 图片去模糊的绝缘子目标检测[J]. 电力自动化设备，2020，40（5）：188-198.

[11] Cui S, Jiang Y. Effective Lipschitz constraint enforcement for Wasserstein GAN training[C] // 2017 2nd IEEE International Conference on Computational Intelligence and Applications (ICCIA). IEEE, 2017.

[12] Chen X, Duan Y, Houthooft R, et al. InfoGAN: Interpretable Representation Learning by Information Maximizing Generative Adversarial Nets [DB/OL]. arXiv: Learning, 2016.

[13] Larsen AB, Sønderby SK, Larochelle H, et al. Autoencoding beyond pixels using a learned similarity metric[C] // International conference on machine learning, PMLR, 2016: 1558-1566.

[14] Kingma D P, Dhariwal P. Glow: Generative flow with invertible 1x1 convolutions[C] // Advances in neural information processing systems, 2018: 10215-10224.

第 5 章　自动机器学习

5.1　AutoML 概述

　　自动机器学习（Automated Machine Learning，AutoML）是一个较新的概念，自动机器学习能够把传统机器学习中的迭代过程综合在一起，构建一个自动化的过程，传统的机器学习任务需要机器学习专家进行各个细节的把握，例如图 5-1-1 展示了传统机器学习的任务分解。

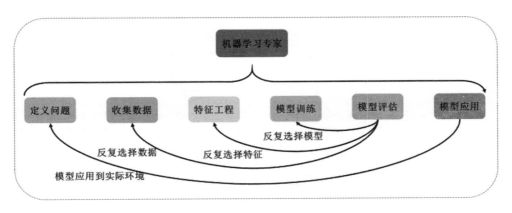

图 5-1-1　传统机器学习任务

　　百度研究院发布 2020 年十大科技趋势预测中就提到"自动机器学习将大大降低机器学习的门槛"。人工智能的发展对自动机器学习方法提出了新的需求，虽然自动机器学习目前还处于发展的初期，但是自动机器学习已经在众多方面取得了可喜的成绩，众多的 AI 平台都推出了自己的自动机器学习平台，如百度的 EasyDL 平台。自动机器学习期望打破机器学习全流程的技术理论和经验瓶颈。实际自动机器学习中涉及的技术在传统机器学习任务中也有运用，例如传统机器学习任务中的自动调参、深度神经网络构建中的网络架构搜索（Neural Architecture Search，NAS）。目前自动机器学习常用的框架有两类，例如 TPOT、Autokeras 和 MLBox 实现了从 1 至 100 的功能，而 AutoML 是真正想从 0 到 1 来构建机器学习模型。目前常说的 AutoML 对于数据挖掘和深度学习两个领域来说有点不一样，对于数据挖掘则关注自动化特征工程、模型选择、自动训练最好能生成代码、数据偏移检测等方面，针对深度学习领域则更加关注网络结构的设计及其参数的自动调节。AutoML 产品描述见表 5-1-1。

表 5-1-1　AutoML 产品

产品	描述
Google Cloud AutoML	Google Cloud AutoML 是当前最早也是最成熟的 AutoML 系统，覆盖了图像分类、文本分类以及机器翻译三大领域
EasyDL	EasyDL 包含经典版、专业版和零售版，支持迁移学习和模型结构搜索等
阿里云 PAI	阿里巴巴推出的机器学习服务平台包含 3 个子产品，分别是机器学习可视化开发工具 PAI-STUDIO、云端交互式代码开发工具 PAI-DSW 和模型在线服务 PAI-EAS，提供了从数据处理、模型训练、服务部署到预测的一站式服务
Azure Machine Learning	Microsoft 的 AutoML 平台，支持模型结构搜索和超参数搜索等

5.2　特征工程

特征工程（Feature Engineering）需要最大限度地从原始数据中提取特征以供算法和模型使用。当前机器学习任务需要处理众多的数据类型（文本、音视频和图像），不同的数据类型具备不同的原始特征。为了便于机器的运算，需要将数据转换为数学向量参与计算，例如图像数据可以表示为一个 $M×N$ 维的向量，文本数据采用词袋模型（Bag-of-Words，Bow）进行向量表示，但也有部分模型可以在无须向量化的情形下直接对特征进行处理，例如机器学习中的相关决策树模型。特征工程对于机器学习算法至关重要，目前众多的人工智能竞赛中特征工程成为了提升算法性能的主要途径，特别是特征工程结合集成学习算法作为目前火热的技术栈在众多 AI 顶级赛事中大显身手。"数据和特征决定了机器学习的上限，而模型和算法只是逼近这个上限而已"，这句话便是对特征工程重要性的恰当评价。实际工程中获得的数据样本往往存在噪声等问题，这些问题（表 5-2-1）决定了样本数据无法直接运用于相关算法并进行处理，这就需要对特征提前进行工程化预处理。特征工程往往包含三个方面内容：特征清洗、单特征处理和多特征处理。

表 5-2-1　数据特征常见问题

问题	描述
量纲不统一	不同的特征往往基于不同的量纲进行表述
信息冗余	基于不同的任务，某些特征可能过度精确，这就出现信息冗余
类别型特征	类别型特征往往取值不是数值，比如所属性别、国籍等字符型的类别型特征
存在缺失值	无数据信息

5.2.1　特征清洗

（1）异常特征样本清洗。原始数据中由于各种原因会导致数据中出现异常样本值，这可能是由于测量误差或者系统 Bug 生成，实际生产中往往无法避免。对于异常特征样本需要将其从样本中删除，一般情况下可以通过两类算法进行处理：第一种是聚类算法，通过聚类将样本聚集为多个簇，而离群较远的样本值往往可视为异常样本；第二种方法是采用异常点检测方法，异常点检测方法主要包括 iForest 或者 One-Class SVM 算法。

（2）处理不平衡数据。不平衡数据指数据中不同类别样本数量不平衡，不平衡的数据参与模型的训练往往会导致模型对于较少数据预测的准确率非常低，一般而言参与训练的样本数据量应该占据大致相同的比例。例如二分类问题中，对于 A 类数据 95%，而 B 类数据 5%，但是测试数据中 A 和 B 类数据各占据 50%，最后训练得到的模型对于 B 类数据的预测结果会非常差。为了解决不平衡数据的问题，工程中一般采用权重法和采样法两种方法。权重法是对训练集中的数据加上一个权重因子，当该类别样本数量较多时就赋予较低的权重值，而对于样本数量较少的样本则赋予较高的权重值。采样法是对样本数量较多的样本进行再次采样以形成一个样本子集，这个样本子集一定程度上和原样本量少的样本相比不存在不平衡数据的问题，但是这种简单的采样方法容易破坏原有的训练集的分布，会导致泛化能力低的问题。因此，基于采样法又有了人工合成样本这个思路来解决样本量少的问题，例如 SMOTE 算法。

5.2.2　单特征处理

单特征处理方法针对单个特征的量纲不统一、缺失值和信息冗余问题进行处理，常用单特征处理方法见表 5-2-2，其中特征的标准化和归一化又可称为特征缩放（Feature Scaling），特征缩放处理非常具有必要性，特别是当不同特征间的量度存在区别时，例如身高和体重两个特征的变化范围存在区别，这就导致在进行有关计算时尺度小的特征会被忽略。为了解决不同量纲和尺度差异的影响，通过将特征缩放到同一个范围再进行相关计算。特征缩放中常见算法包括 z-score 标准化、max-min 标准化和 L1/L2 范数标准化等。实际中大部分的机器学习算法都需要进行标准化操作，但是对于决策树由于树结构分支的特殊性往往不需要进行标准化操作。

表 5-2-2　单特征处理方法

处理方法	描述
标准化和归一化	解决不同量纲和尺度下的问题
离散化	将连续的数据进行分段，使其变为一段段离散化的区间
Dummy Coding	无序多分类变量，引入模型时需要转化为哑变量
缺失值	常用平均值、中值、分位数、众数、随机值等替代或构造相关模型生成缺失值
数据变换	基于多项式、基于指数函数和基于对数函数进行数据变换

5.2.3　多特征处理

多特征处理包含两个方面的处理思路：一个是特征选择，另一个是特征降维度。特征选择的目的是选择对任务具有意义的特征作为备选特征，通过选择多个特征的一个子集进行模型训练，能够得到更好的准确率。一般情况下对于选择特征需要考虑特征两个方面的特性，首先需要判断特征是否发散，特征是否发散即看特征数值上是否有差异，是否对于样本具有区分性，一般可以通过计算方差判断发散性。其次需要判断样本特征与目标是否符合，不同的学习任务往往会倾向不同的特征，部分特征通过经验能够直接判断是否符合学习任务目标。目前，机器学习中的常用特征选择方法见表 5-2-3。

表 5-2-3　常用特征选择方法

处理方法	描述
暴力子集搜索	对每个特征子集分别进行模型测试，最终选择最优子集
方差选择法	计算各个特征方差，选择方差大于某阈值的特征
相关系数法	先计算各个特征对目标值的相关系数，选择更加相关的特征
卡方检验	检验两个变量之间有没有关系
互信息	评价定性自变量对定性因变量的相关性
递归特征消除法	采用基模型来进行多轮训练，每轮训练后消除若干特征
基于惩罚项	使用带惩罚项的基模型，这具有筛选特征和降维作用
基于树模型的特征	例如采用 GBDT 算法来作为基模型进行特征选择

特征降维作为多特征处理的一个方面在工程中运用广泛。特征降维处理主要指构造一个新的特征并空降，将原始特征投影到新的表示，新的表示向量下具备更多数学信息。特征降维中常用的降维方法包括主成分分析（Principal Component Analysis，PCA）、线性判别分析（Linear Discriminant Analysis，LDA）和自编码器（Auto-Encoder，AE）三种，其中线性判别分析是监督的特征学习方法，其目标是对一个特定任务选择最有用的特征。主成分分析和线性判别分析作为数学运算方法，其原理简单、运用广泛。特征降维能够用较少的特征来表示原样本数据的大部分特征，实际运用中一定程度上提高了计算效率并且减少了维度灾难（Curse of Dimensionality）。

5.3　NAS

神经网络架构搜索（Neural Architecture Search，NAS）是通过搜索算法来高效地在搜索空间中发现实际任务中最有效的神经网络结构，一般神经网络结构的设计需要一定的先验经验，这一定程度上提高了模型设计的难度。近年来随着神经网络大规模地普遍运用，网络结构也由最初 LeNet 的 7 层简单结构发展到后来 GoogleNet 的 22 层结构和 ResNet 的 152 层结构，大批量结构复杂且深的网络出现，使得对于神经网络的架构搜索和超参数优化成为研究重点，特别是近年来对于神经网络架构搜索的研究成为热点。神经网络结构可以编码为一个字符串，神经网络架构搜索通常利用一个控制器来生成网络的结构描述，控制器可以由循环神经网络实现，其训练可以通过强化学习来进行。本节作为 AutoML 的一部分将对神经网络架构搜索展开描述，分别介绍搜索空间、搜索策略和性能评估，并结合 ENAS 模型对各个部分进行说明，典型 NAS 算法步骤如图 5-3-1 所示。

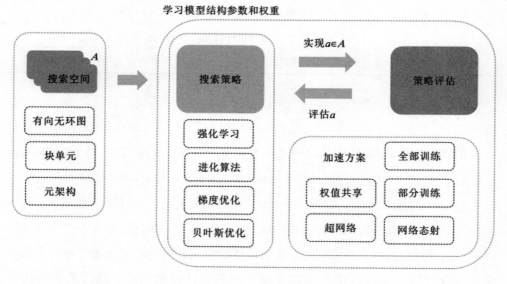

图 5-3-1　NAS 建模图

本节汇总了近年优秀的 NAS 算法模型，见表 5-3-1。

表 5-3-1　NAS 算法

算法	搜索空间	搜索策略	性能评估
One-Shot（2018）	An over-parameterized one-shot model	Randomo Search(Zero out some paths at random)	Train the one-shot model
DARTS（2019）	NASNet search space	Gradient descent(Softmax weights over operations)	
ProxylessNAS（2019）	Tree structure architecture	Gradient descent (BinaryCononect) or Reinforce	
SNAS（2019）	NASNet search space	Gradient descent (concrete distribution)	

5.3.1　搜索空间

搜索空间定义和神经网络的结构息息相关，搜索空间描述了潜在可能的神经网络架构集合。搜索空间需要能够表示网络的结构和网络相关配置项，网络结构包括隐藏层个数以及每层神经元数，网络配置主要指核大小和过滤器数量等。神经网络结构从原始链式结构（早期 CNN）发展为后期典型以 ResNet 为代表的跳跃连接、分支结构，最后神经网络结构又出现了重复的 cell 子结构（如 Inception、DenseNet）。神经网络搜索空间定义依赖于神经网络的结构特征，对于较简单的链式结构，网络搜索空间一般只需要定义网络结构的层数、每层类型以及超参数即可，但是针对多分叉结构和具有重复的 cell 子结构的神经网络，NAS 搜索空间定义时又需要充分考虑潜在的网络结构。搜索空间中的网络架构可以表示为描述结构的字符串或向量，针对不同的任务往往涉及不同的搜索空间，例如对于图像类的任务涉及的搜索网络空间一般以卷积网络为基础，而对于自然语言处理任务则主要关注 LSTM 类的神经网络。根据相关实验精心设计的 NAS 搜索空间（表 5-3-2），运用随机搜索算法也能获得较为不错的效果，而且精心设计的搜索空间往往能够减少后续搜索算法的代价。

表 5-3-2　NAS 搜索空间

处理方法	描述
Sequential Layer-wise Operations	神经网络最简单结构空间构造方法，用一系列 Layer-wise Operations 来描述网络拓扑结构
Cell-based Representation	受到 ResNet 和 Inception 使用重复单元建模思路的启发进行 Cell 结构定义，每个 Cell 结构需要 NAS 算法进行搜索
Hierarchical Structure	为了利用已经发现的设计良好的网络，NAS 的搜索空间可以被限制为一种层次结构
Memory-bank Representation	将神经网络看作一个具有多个可读写内存块的系统，而不是操作图

5.3.2　搜索策略

基于搜索空间进行最优结构的搜索，这类似启发式搜索算法的设计思路，比如在遗传算法中模仿遗传变异操作实现最优解的搜索。神经网络架构搜索中的搜索策略一般包括基于进化策略、强化学习、梯度的方法和贝叶斯优化的方法。其中基于强化学习的方法包括 ENAS 算法、NASNet 算法。基于进化策略的方法包括 Hierarchical Evo 算法和 AmoebaNet 算法，基于贝叶斯优化方法的搜索策略有 Auto-Keras 和 NASBOT，基于梯度的典型方法是 SNAS 算法和 DARTS 算法。

（1）基于强化学习的搜索策略（图 5-3-2）。NAS 任务中需要基于任务对神经网络结构进行搜索，这天然符合强化学习的建模。强化学习类似人类学习模式，通过在实践中不断地进行学习并修正自己的动作策略 π，以期望获得环境给予的最大奖励值 R。强化学习建模基于马尔可夫决策过程，往往需要一个四元组 $<S, A, R, f>$，包括智能体所处环境状态 S、执行动作 A 和执行动作 A 后进入一个新的环境 S 以及环境此时反馈奖励值 R，f 表示状态之间的转移函数。智能体每个行动的最终目标是获得更多的奖励，这奖励包括短期奖励和长期奖励，奖励函数见式 5-3-1，其中 γ 是衰减因子，奖励越长期衰减越严重，这表示智能体更倾向于当下的奖励值。

$$G = R_0 + \gamma R_1 + \gamma^2 R_2 + ... = \sum_{t=0}^{\infty} \gamma^t r_t \qquad 5\text{-}3\text{-}1$$

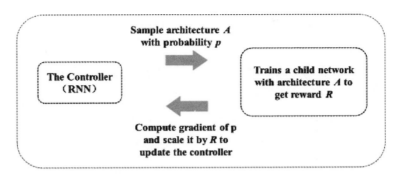

图 5-3-2 基于强化学习的搜索策略

（2）基于进化策略的搜索策略。进化算法受到生物演化过程的启发，进化算法中通过选择、重组和变异三种操作来搜索最优解。一般进化算法中首先需要对网络结构进行编码，可将网络结构编码为一定长度的二进制编码，对于二进制编码序列可以采用类似遗传算法的进化算法搜索最优结构，在不断地迭代训练过程中对每次搜索的结果进行测试，留下高性能的网络结构，不断地迭代搜索指导满足设定的条件位置即停止搜索。2017 年谷歌公司就基于进化策略在图像分类任务中的应用提出了神经网络结构算法。

（3）基于梯度的策略搜索算法。由于基于进化策略的搜索空间为离散的，效率往往不尽如人意。基于梯度的策略搜索算法将网络结构表示为了连续的空间，类似神经网络中的优化问题采用基于梯度的方法进行优化得到最优解。典型的基于梯度的策略搜索算法包括 CMU 和谷歌提出的 DARTS 算法，以及中科大和微软提出的 NAO 算法。

（4）基于贝叶斯优化的策略搜索算法。贝叶斯优化是众多模型超参数优化中最受欢迎的方法，基于贝叶斯优化的方法运用模型也吸引了较多的研究者。

5.3.3 性能评估

神经网络架构搜索结果往往需要进行评估，性能评估是让得到的结构在目标数据集上进行测试以评估网络结构的好坏。性能评估在整个 NAS 搜索过程中能够不断地引导搜索过程，抵达最优模型。性能评估方法最暴力的方法是让得到的每个子网络对测试数据进行测试，以得到每个网络的表示，但是这种暴力的方法耗时太多。为了解决暴力搜索方法的耗时问题，目前主要采用一些方法进行近似评估，具体如下：

（1）采用低保真的训练集进行测试。低保真数据集即让数据集一定程度上保留其关键信息，最大化压缩冗余信息。比如音频信号中，普通人对不同码率的音乐在听觉上直观感受差别不太大，但是低码率的信号一定程度上却又保存了完整的信息。

（2）采用代理模型。代理模型是指在不太降低精度的情况下，构造一个新的数学模型来近似原来比较复杂的问题。新构造的模型一般具有计算量小、计算结果和原结果近似的特点。性能评估方法中代理模式一般采用回归模型，对不能观测到的点进行插值预测，从而预测出最优结果的位置。

（3）参数级别的迁移。此类方法对初始模型参数方面进行优化，采用已经训练好的模型的参数值对目标网络参数进行初始化，能够更快地搜索到最优结构。这实际上是迁移学习的一种运用。

（4）基于 One-Shot 架构搜索。将网络结构视为一个图结构，而所有的结构为一个超图（One-Shot 模型）的子图，子图之间通过超图的边来共享权重，通过交替的不断训练，最终只保留其中一个子结构。典型算法 ENAS 和 DARTS 是这类方法的代表算法，基于 One-Shot 架构搜索是目前主流的方法。

5.4　Meta Learning

元学习（Meta Learning）定义为让机器学会学习，有别于传统机器学习方式针对特定数据集 D 进行训练得到具有最小误差的模型，传统机器学习在大数据集上能够得到较好的学习模型，但是在小样本数据上表现却有限。元学习方法模仿人类认知学习的过程（Learning-to-learn），人类认知过程中可以根据先验知识对一个新任务进行快速学习，例如我们通过对篮球和苹果的学习，不仅能准确分辨两个不同物体，同时也知道不同物体可能也具有不同颜色和不同大小，之后对于不同颜色和大小的物体进行区分就更快。元学习通过学习众多的 task 从而获得先验知识，然后基于学习得到的先验经验，在面对新的任务（小样本）时能够快速、低成本地进行学习。实际中通过一系列和目标任务相似的任务进行学习得到元知识，元知识（元优化器和元网络等）往往是一些通用性的知识，这些知识有助于在新任务中快速获得好的性能。元学习和传统学习方式可以通过图 5-4-1 进行表示，传统学习方式通过定义网络结构并初始化参数，然后训练数据集计算梯度，来不断迭代更新参数直至获得较好的学习效果，这中间众多的步骤都需要依靠人的先验知识进行设计，如网络结构、初始化参数的方法和学习率等。元学习方式是通过学习的方式来学习定义网络结构、初始化参数等的方法，比如元学习算法中学习参数初始化（可视作元学习 $F(x)$）的能力的知名算法：MAML 模型和 Reptile 模型，网络架构也可以视为一种基本的元学习 $F(x)$。

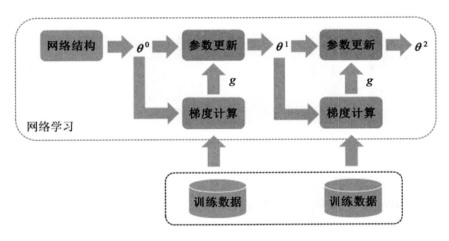

图 5-4-1　神经网络学习方式

元学习和典型机器/深度学习方法在数据集定义上存在差别。元学习定义训练数据集由一个个 task 训练任务构成，每个训练任务是传统的机器学习应用实例中的训练数据集和测试数据集。元学习数据集可以采用 Omniglot 数据集（包括 1623 个符号，每个符号含有 20 个样例）和 miniImagenet 数据集（包含 100 类图片，每类包括 600 张图片），数据集表示如图 5-4-2 所示，训练过程中数据集分为训练任务（meta-training）和测试任务（meta-testing），以 Omniglot 数据集为例，一般可以从中采样 N 个类，每个类含有 K（K 小于 20）个训练样本，这就组成一个一个训练任务 task，称为 N-way K-shot。然后从 Omniglot 数据集剩余样本中重复上一步的采样，构建第二个 task，以此类推逐渐构建 m 个 task。由于元学习或小样本学习中需要训练集和测试集，则将 m 个 task 分成训练 task 和测试 task，最终需要在训练 task 上训练 Meta Learning，在测试 task 任务上对 Meta Learning 进行评价。

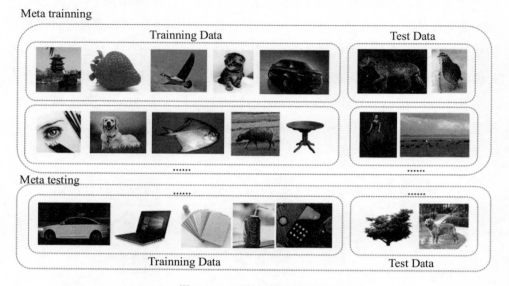

图 5-4-2　元学习数据集表示

目前元学习领域主要存在三种解决方法：第一种是 Metric Based 方法，第二种是 Model Based 方法，第三种是 Optimization Based 方法。Metric Based 方法通过度量 batch 集中的样本和 support 集中样本的距离，借助最近邻的思想完成分类，Metric Based 中的经典算法是 siamese neural network。Model Based 方法旨在通过模型结构的设计快速在少量样本上更新参数，直接建立输入 x 和预测值 P 的映射函数，Model Based 中的经典算法是 MANN 算法。Optimization Based 方法认为普通的梯度下降方法难以在 Few-shot 场景下拟合，因此通过调整优化方法来完成小样本分类的任务，此类方法包含 MAML 和 Reptile 等。

5.4.1　Few-shot Learning

小样本学习（Few-shot Learning）是 Meta Learning 在监督学习领域的应用，也是机器学习领域的一个子研究领域，小样本学习与半监督学习、弱监督学习、零样本学习和迁移学习有着紧密的关系。小样本学习问题是指只给定目标少量训练样本的条件下，如何训练一个可以有效地识别这些目标的机器学习模型，小样本学习由于样本数量不足，需要充分利用相关先验知识来最小化最优解和实际解的误差。由于目标域内样本的不足，在训练模型时往往容易过拟合。目前小样本学习借鉴元学习领域的常用方法——基于数据增强的方法、基于度量学习的方法和基于初始化的方法来进行。小样本学习与元学习数据集定义存在名称上的不同，小样本学习的每个 task 任务中，样本分为 supportset 和 queryset（batch）两个数据，不同的名称主要为了便于区分。目前小样本学习在 CV 领域运用最为广泛，以图像领域的运用方法为例，后文将对常用的三种类型方法进行解释说明。

基于数据增强的方法主要用于解决目标任务中数据不足的问题，通过充分利用源域中的知识来实现目标域数据的增强。此类方法主要在图像特征层面和原图像层面两个方向来进行数据增强，详细方法见表 5-4-1。基于数据增强方法通过为目标域生成训练样本从而使得原本小样本的问题转换为多样本训练问题，从而可以方便地使用监督学习相关学习算法。其中四元组增强法中的四元组生成法可以设计相应的生成网络，利用前三个元素作为输入，生成第四个元素。语意自编码器同构造编码器在源域中经过训练，最后在目标域中的生成部分加入噪声进行目标域的数据增强。生成对抗网络则通常采用条件对抗生成网络生成特定类别的图片。图像块组合法采用图像融合技术融合源域和目标域的信息来产生新样本数据。

表 5-4-1　基于数据增强方法

层面	图像特征层面	图像层面
方法	四元组增强法、语意自编码器、生成对抗网络	图像块组合法

基于度量的小样本学习方法通过度量数据的相似程度来解决"样本数据集不够"的问题，详细方法见表 5-4-2。匹配网络（MatchNet）是第一个将度量学习运用于小样本分类的工作，其通过神经网络进行特征提取，同时利用余弦相似度来作为分类的基准。原型网络（ProtoNet）采用卷积神经网络并借助欧式空间的中

心点损失函数，来学习从图像空间到特征中心的映射。关系网络（RelationNet）则采用端到端的思路，将特征提取和度量空间的决策过程融入到一个单一网络。基于度量的学习一般分为两个步骤，首先设计合理特征提取器提取较好的特征，然后对提取特征选择合理的度量函数，使得度量函数能够很好地泛化到目标域。

表 5-4-2　基于度量的方法

网络	MatchingNet	ProtoNet	RelationNet	R2-D2	GNN
度量方法	余弦相似度	欧氏距离表示	卷积神经网络关系距离	岭回归	图神经网络

基于初始化的方法通过在源数据集中学习得到网络模型或者优化器的初始化，从而使模型在目标域数据集中能够快速迭代并具有良好的学习效果。基于初始化的方法借鉴元学习方法中的 Optimization Based 方法，常用的基于初始化的小样本学习常见算法包括 MAML、LEO、MANN 和 Meta-Learner LSTM 等。其中 MAML 是元学习中著名的 Optimization Based 算法，LEO 算法也是一个较好的参数初始化方法。Meta-Learner LSTM 则是通过元优化器的方式学习优化器里面的部分参数。基于元学习的记忆增广神经网络（MANN）通过在神经网络上添加记忆网络来实现学习经验的保存。基于初始化的小样本学习方法模型通过在源域上学习元知识，然后将元知识迁移到目标域中以实现数据增强，目前也是热门的研究领域。

5.4.2　MAML

MAML 元学习算法是典型的 Optimization Based 方法，MAML 算法即 Model-Agnostic Meta-Learning，其中 Model-Agnostic 表示和模型无关，MAML 是一个不依赖于具体模型的元学习方法，MAML 模型参数训练目标明确，希望使用训练好的 meta-learner 仅在新任务的少量样本上通过几步梯度迭代便可适用于新的 task。MAML 模型可以应用于一系列通过梯度下降方法训练的模型，包括回归、分类和强化学习等。MAML 元学习算法思想可以用图 5-4-3 表示，图中训练完成后的 meta-learning 针对特定新的 task 具有非常敏感的参数，只需要几次迭代就能够获得新任务下较好的参数 $\theta*$。图中黑色较粗的线条（meta-learning）代表模型参数的最终走向，而较灰色的分支线则是在不同 task 任务下的最优参数方向，meta-learning 没有过分拟合到某一个具体的 task，面对新的 task 只需要几步梯度更新就能够适应到新的 task 上。和预训练网络相似，MAML 和 Reptile 都是通过初始化更好的参数让神经网络具有更强的学习能力，因此 fine-tuning 也算是一种 Meta Learning 的算法。

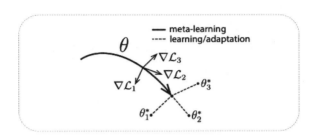

图 5-4-3　MAML 元学习算法图

　　MAML 元学习算法预训练阶段流程图如图 5-4-4 所示，根据原作者论文中关于算法的描述，函数 f_θ 为参数 θ 的实际模型，f_θ 根据任务类型可以是我们熟悉的 CNN 模型等。根据每一个新任务 $\mathcal{T}_i$ 数据，执行一步或者几步梯度下降后，得到模型参数 θ'。而最终 f_θ 模型参数更新则是通过从每个 $\mathcal{T}_i$ 任务上得到的具有新参数 θ' 的模型 $f_{\theta'}$ 进行。MAML 算法总体上是需要进行两次梯度更新，第一次梯度更新不作用于源模型 f_θ，第二次梯度更新才真正作用于源模型 f_θ。MAML 算法可以运用于分类、回归等问题，针对不同的问题领域，其主要损失函数不一样。

Algorithm 1 Model-Agnostic Meta-Learning

Require: $p(\mathcal{T})$: distribution over tasks
Require: α, β: step size hyperparameters
1: randomly initialize θ
2: **while** not done **do**
3: 　　Sample batch of tasks $\mathcal{T}_i \sim p(\mathcal{T})$
4: 　　**for all** $\mathcal{T}_i$ **do**
5: 　　　　Evaluate $\nabla_\theta \mathcal{L}_{\mathcal{T}_i}(f_\theta)$ with respect to K examples
6: 　　　　Compute adapted parameters with gradient descent: $\theta'_i = \theta - \alpha \nabla_\theta \mathcal{L}_{\mathcal{T}_i}(f_\theta)$
7: 　　**end for**
8: 　　Update $\theta \leftarrow \theta - \beta \nabla_\theta \sum_{\mathcal{T}_i \sim p(\mathcal{T})} \mathcal{L}_{\mathcal{T}_i}(f_{\theta'_i})$
9: **end while**

图 5-4-4　MAML 算法流程

MAML 算法中包括两个阶段（meta-train 和 fine-tune），每个阶段中 task 均包括 supportset（D_train）和 queryset（D_test），但是在两个阶段之中其具有不一样的作用。在 meta-train 阶段，supportset 数据参与第一次的参数更新，但是此更新参数并不作用于原模型，只是形成一个类似原模型的副本。之后将此副本通过 queryset 数据集计算第二轮的梯度并更新原模型，在每个迭代步中，会有一个初始参数 θ，分别针对 K 个 task 使用 supportset 进行梯度更新并得到不同 task 相应的新参数 θ'，接着在 K 个 task 上使用 queryset 对全局的初始参数 θ 进行更新。在 fine-tune 阶段，在 support-set 数据集上产生的梯度将直接作用于原模型进行参数微调，而 queryset 数据集此时用于测试得到的模型的准确性，类似测试集。

5.4.3　Reptile

Reptile 是 OpenAI 发布的简单元学习算法，和 MAML 一样，Reptile 一样初始化神经网络的参数，以便通过新任务产生的少量数据来对网络进行微调。但 Reptile 作为 MAML 的升级版，该算法性能可以与经典的 MAML 算法相媲美，但是 Reptile 更容易实现，具有更高的计算效率。经典 MAML 算法在小样本上具有较好的学习效果，但是由于每一次的迭代都需要计算两次梯度，这需要消耗更多的计算资源。对于二阶导计算量大的情况，OpenAI 提出了 Reptile 方法，只要计算一次导数。Reptile 算法的实现流程如图 5-4-5 所示。

Algorithm 1 Reptile (serial version)

Initialize ϕ, the vector of initial parameters
for iteration $= 1, 2, \ldots$ do
　　Sample task τ, corresponding to loss L_τ on weight vectors $\tilde{\phi}$
　　Compute $\tilde{\phi} = U_\tau^k(\phi)$, denoting k steps of SGD or Adam
　　Update $\phi \leftarrow \phi + \epsilon(\tilde{\phi} - \phi)$
end for

图 5-4-5　Reptile 算法流程

5.5　迁移学习

迁移学习（Transfer Learning）是把一个领域（源领域）的知识迁移到另一个领域（目标领域），使得在目标领域内能够获得更好的学习效果。一般的学习方法通过构建标签数据和从头开始构建一个模型都是代价高昂的，这就需要对已经训练好的模型和数据进行复用。目前基于机器学习和深度学习相关技术实践，我们经常发现一些矛盾，其中以大数据和少标注矛盾、大数据和弱计算矛盾、普适模型和个性化模型矛盾和特定应用和冷启动矛盾这四类矛盾最为突出，而迁移学习就能一定程度上调和以上矛盾。迁移学习一般将富含丰富数据的领域作为源领域，将数据集较少的领域作为目标领域，迁移学习将在数据充足的源领域学到的知识迁移到小数据量的新环境中。迁移学习的核心是找到源领域和目标领域之间的相似性，加以合理利用并得到新领域内的较好的学习器，根据杨强教授在 2010 年 TKDE 上的文章，迁移学习可以分为四个大类，分别是基于样本的迁移学习（instance transfer）、基于参数的迁移学习（parameter transfer）、基于特征表示的迁移学习（feature representaion transfer）和基于关系知识的迁移学习（relational knowledge transfer）。迁移学习如图 5-5-1 所示。

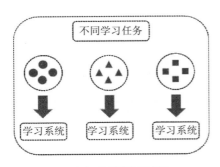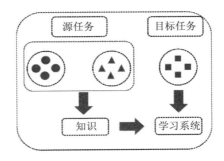

（a）传统学习过程　　　　　　　（b）迁移学习过程

图 5-5-1　迁移学习

基于样本的迁移学习方法根据目标域和源域中样本的相似性，对源域中和目标域样本较为相似的样本给予更高的样本权重，目前基于样本的迁移学习涌现了

TrAdaBoost、KMM、TTL 和 DDTL 等方法。基于实例权重法通常在领域间分布差异较小时能够取得较好效果，对于自然语言、计算机视觉等任务效果则不太理想。基于特征的迁移学习是迁移学习中最热门的研究方法，基于特征迁移一方面可以通过特征变换的方式来减少源域和目标域之间的差距，另一方面也可以将源域和目标域的数据特征统一变换到一个新的特征空间中，基于特征的迁移学习方法主要有 TCA、MMD、SCL 和 TJM 等。基于模型的迁移学习假设源域中数据和目标域中的数据能够共享一些模型参数，从而实现不同域的参数迁移，其中主要方法有 TransEMDT 等。最后基于关系的迁移学习着眼不同任务之间的关系，比如师生关系迁移至上下级领导关系，基于生物病毒的模型迁移至计算机病毒任务。目前基于关系的迁移学习方法的研究相对其他方面的方法研究较少。当前众多的大厂和高校科研机构纷纷布局迁移学习，近年来也出现了部分迁移学习算法库，例如清华大学 Trans-Learn 迁移学习算法库是基于 PyTorch 实现的一个高效、简洁的迁移学习算法库。

5.5.1　传统的非深度迁移

迁移成分分析方法（Transfer Component Analysis，TCA）作为传统的非深度迁移学习算法由香港科技大学杨强教授于 2011 年提出，是典型的领域自适应（Domain Adaptation）算法中的代表性方法，领域自适应作为迁移学习中的一个子研究领域，领域自适应定义源域（Source Domain）和目标域（Target Domain）具有相同的特征类别和标签，但是各自特征分布不同，例如在图片分类任务中，当源域为训练集（某照片），目标域为测试集（某高曝光的照片）时，虽然二者只是曝光度方面有所区别，但这就导致训练集和测试集特征的分布不同，如果在训练集进行训练得到模型，直接运用于测试集往往存在过拟合的现象。为了解决这个问题，领域自适应把分布不同的源域和目标域的数据映射到一个特征空间中，使其在该空间中的距离尽可能近。

TCA 是传统基于特征的迁移学习算法中的经典方法，算法核心是将最大均值差异（Maximum Mean Discrepancy，MMD）作为度量准则，将不同数据域中的分布差异最小化，即当源域和目标域处于不同的数据分布时，将两个数据域映射到一个高维的空间，这个空间距离源域和目标域具有最小的距离，但同时又保留了各自的内部特征属性。TCA 方法中假设两个数据域的分布 $P(X_s)$ 和 $P(X_t)$，且两个分布之间 $P(X_s) \neq P(X_t)$。假设存在一个 ϕ 映射满足 $P(\phi(X_s)) \approx P(\phi(X_t))$，为了找到这个 ϕ，TCA 算法引入一个核矩阵 $\boldsymbol{K}$ 和一个最大均值差异（Maximum Mean Discrepancy，MMD）矩阵进行求解。

度量两个不同分布之间的差异程度一般可以采用 KL 散度等进行度量，但是 KL 散度需要求得概率密度函数，这势必需要对密度函数的未知参数进行求取。最大均值差异（Maximum Mean Discrepancy，MMD）就是类似 KL 散度的被用来度量两个不同但相关的分布的距离。MMD 定义两个分布距离见式 5-5-1，其中 ϕ 函数将数据映射到再生希尔伯特空间（RKHS），MMD 方法将两个分布分别映射到再生希尔伯特空间并进行度量。

$$MMD(X,Y) = \| \frac{1}{n} \sum_{i=1}^{n} \phi(x_i) - \frac{1}{m} \sum_{j=1}^{m} \phi(y_i) \|_H^1 \qquad \text{5-5-1}$$

为了避免直接得到映射函数 ϕ 带来的复杂性，采用基于降维的域适配方法 MMDE 将上述问题直接转换为核学习问题，对式 5-5-1 进行展开操作得到

$$MMD(X,Y) = \| \frac{1}{n^2} \sum_{i}^{n} \phi(x_i) \sum_{i'}^{n} \phi(x_i') - \frac{2}{nm} \sum_{i}^{n} \phi(x_i) \sum_{j}^{m} \phi(y_j) + \frac{1}{m^2} \sum_{j}^{m} \phi(y_j) \sum_{j'}^{n} \phi(y_j') \|_H$$

$$MMD(X,Y) = \| \frac{1}{n^2} \sum_{i}^{n} \sum_{i'}^{n} k(x_i, x_i') - \frac{2}{nm} \sum_{i}^{n} \sum_{j}^{m} k(x_i, y_j) + \frac{1}{m^2} \sum_{j}^{n} \sum_{j'}^{n} k(y_j, y_j') \|_H$$

式中 $k(*)$ 函数为 SVM 算法中的核函数，一般我们采用高斯核函数作为核函数参与计算，因为高斯核函数能够映射到无穷维空间。高斯核定义为

$$k(u,v) = \mathrm{e}^{\frac{-\|u-v\|^2}{\sigma}}$$

最终上述 MMD 距离定义为 $tr(\boldsymbol{KL})$，则目标函数为

$$\max_{K} trace(\boldsymbol{KL}) - \lambda \, trace(\boldsymbol{K})$$

式中 $\boldsymbol{K}$ 为一个核矩阵，$\boldsymbol{L}$ 为半正定矩阵，$trace$ 为矩阵的迹。核函数作为一种不需要将输入空间的样本映射到新空间中进行内积的方法，解决了新空间中维度高、

开销大的问题。核函数的作用是隐含着一个从低维空间到高维空间的映射，计算样本在高维空间的内积。式中第一项为分布之间的距离，第二项为特征空间方差。

TCA 算法中为了简化计算，通过降维度的方法将最终的目标函数定义为

$$\min_W tr(W^T KLKW) + \lambda tr(W^T W)$$
$$s.t. W^T KHKW = I_m$$

5.5.2 深度网络的 finetune

深度网络微调是利用已经训练好的网络，针对自己的任务进行调整，通过修改预训练（Pre-train）好的模型结构，载入预训练网络中对应网络层的权重，再根据实际面对的数据重新训练模型。深度网络中采用微调的方法能够以较小的资源开销获得较好的模型效果，但是实际操作中对于微调的众多细节技巧也很多，大致如下：

（1）新数据集小且和原数据集相似。此时为了防止过拟合不建议微调，最好只训练网络结构最后一层（线性分类器）。

（2）新数据集大且和原数据集相似。因新数据集大，故此时可以进行微调。

（3）新数据集小且和原数据集不相似。不建议微调训练。

（4）新数据集大且和原数据集不相似。不建议微调训练，可从头开始进行训练。

深度网络的 finetune 可用图 5-5-2 进行描述，假设实际任务中拟采用 GoogLeNet 网络进行。GoogLeNet 是 2014 年 Christian Szegedy 提出的一种全新的深度学习结构，整个结构采用了模块化的结构（Inception 结构），方便增添和修改。GoogLeNet 作为当年 ImageNet 挑战赛（ILSVRC14）的第一名，其训练完成模型参数能方便地通过网络获取，实际任务中对于基于 ImageNet 数据集已经训练完成的 GoogLeNet 模型可以采用 finetune 的方式进行新任务的训练，这样很大程度上节约了训练时间成本，实际操作中我们针对任务，可以固定 GoogLeNet 前面若干层网络参数，微调最后几层参数，这样能够极大地加快新任务上网络的训练。因此，深度网络的 finetune 方法不但实现简单，而且能够节约训练时间成本，同时基于 finetune 的网络往往具备更好的鲁棒性和泛化能力。

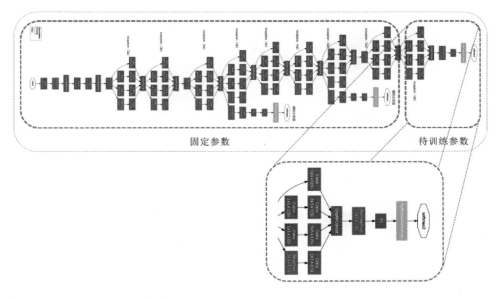

图 5-5-2　深度网络的 finetune 实例

5.5.3　深度网络自适应

基于微调的深度网络迁移方法一定程度上能节约训练资源，但是微调对于原数据和新数据分布不同的情况往往无法进行处理。深度网络自适应方法是在深度网络结构中设置自适应层（Adaptation Layer）来完成源数据到目标数据的自适应。迁移学习中深度自适应网络中较早的著名算法是 2014 年加州大学伯克利分校提出的 DDC（Deep Domain Confusion）算法，DDC 方法示意图如图 5-5-3 所示。DDC 算法主体结构继承自 2012 年提出的 AlexNet 算法，AlexNet 网络结构总共 8 层，前 5 层为卷积层，后 3 层为全连接层，DDC 算法的提出者在经过多次的实验后，最终在第 7 层和第 8 层之间加入了自适应度量以达到性能的最优。自适应度量采用 MMD 准则，MMD 准则为最大均值差异，用来度量两个分布在再生希尔伯特空间中的距离。DDC 总体损失函数见式 5-5-2，式中损失函数包含两个部分——网络训练的损失 L_c 和自适应度损失。

$$L = L_c(D_s, D_t) + \lambda MMD^2(D_s, D_t)$$

5-5-2

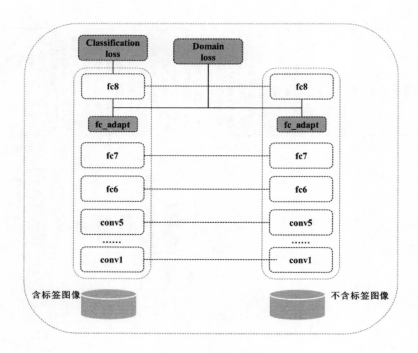

图 5-5-3   DDC 算法

基于 DDC 算法近年来也出现了众多的改进算法或新算法，例如 2015 年清华大学提出的 DAN 模型（Deep Adaptation Networks）、2017 年清华大学提出的 JAN模型（Joint Adaptation Network）和 2018 年北京大学提出的 AdaBN 模型（Adaptive Batch Normalization）。

5.5.4   深度对抗网络的迁移

深度对抗网络（Generative Adversarial Nets，GAN）是人工智能的热门研究领域，深度对抗网络的迁移借鉴了对抗网络的思想，对抗网络中一般包含一个生产器和一个判别器，生成器的主要目的是让生成的样本能够以假乱真。由于迁移学习中存在源域和目标域，故天然可以借用对抗网络的思想，深度对抗网络的迁移中省去了生成样本的步骤，而是让生成器直接提取源域中的特征，而判别器负责判别目标域和生成样本特征，二者在对抗中不断进化，实现源域到目标域的迁移。典型深度对抗网络迁移的目标函数一般包括网络训练损失函数 L_c 和领域判别损失

L_d，定义如下：

$$L = L_c(D_s, Y_s) + \lambda L_d(D_s, D_t)$$

DANN（Domain-Adversarial Neural Network）是 2016 年提出的一个基于对抗思想的迁移学习模型，其模型框图如图 5-5-4 所示。

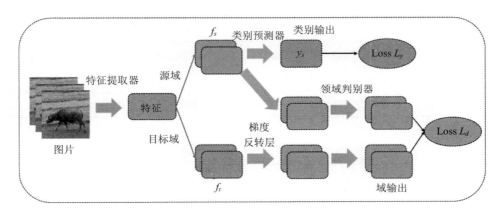

图 5-5-4　DANN 网络架构图

对抗网络进行迁移学习是近年来的研究热点，近年来也出现了非常优秀的模型，例如 2016 年谷歌参与提出的 DSN（Domain Separation Networks）网络、2018 年清华大学提出的 SAN（Selective Adversarial Networks）模型和 2019 年提出的动态对抗适配网络（Dynamic Adversarial Adaptation Networks，DAAN）等。

5.6　超参数调优

超参数是算法模型中需要预定义的相关参数，一般神经网络中除了网络本身参数需要通过学习得到，还有很多超参数需要设置，例如学习率和网络层数等，超参数对网络本身性能影响很大。由于没有适用于任何模型的统一超参数，对超参数调优就显得格外重要。神经网络中常见的超参数项见表 5-6-1。超参数调优是通过一定的算法得到使模型具备最优效果的一组超参数，超参数调优作为机器学习或深度学习中的算法重点，在各类人工智能比赛中对超参数的优化格外重视。超参数优化问题作为一个组合优化问题，其最优值无法通过类似梯度下降法获得，同时在神经网络中对一组超参数性能的评价存在时间成本高的问题。目前常用的超参数调优方法主要包括网格法、随机法、启发式搜索算法、贝叶斯优化、TPE 和 SMAC 等，相关主流算法对比见表 5-6-2。

表 5-6-1　神经网络超参数

超参数	描述
网络结构	包括神经网络层数、连接关系、每层神经元数和激活函数类型等
优化参数	包括学习率、优化方法和 epoch 数等
正则化系数	正则化能有效降低模型的泛化错误率，避免模型过拟合

表 5-6-2　超参数优化算法

算法	描述
网格搜索	根据所有超参数的组合来寻求最优
随机搜索	对超参数进行随机搜索
贝叶斯优化	根据不同超参数组合之间的相关性，利用已经实验的超参数组合来预测下一个更优的组合

5.6.1　贝叶斯优化

贝叶斯优化算法与典型的网格搜索和随机搜索算法不一样，贝叶斯优化方法会充分利用相关历史信息来指导最优解的搜索。贝叶斯优化中假设待优化参数为 $X=(x_1, x_2, ..., x_n)$，同时存在一个与 X 相关的损失函数 $f(x)$，贝叶斯优化目标函数寻找 X 得到最小损失函数 $f(x)$。

$$x^* = \arg\min_{x \in X} f(x)$$

SMBO（Sequential Model-Based Optimization）算法作为贝叶斯优化最简单的形式，其算法流程见算法 5-6-1。算法中输入 M 为贝叶斯优化的目标模型，也可为一般的神经网络或者集成学习模型，S 为采集函数（Acquisition Function）。

算法 5-6-1（贝叶斯优化）

输入：f、X、S、M

（1）初始化数据集 $D=(x_1,y_1),...,(x_n,y_n)$，其中 $y_n=f(x_n)$。

（2）for $i \leftarrow |D|$ to T do:

1）假设 M 模型为高斯分布，且已知数据集 D，则得 M 模型中的均值和协方差。

2）基于得到的 M 高斯分布，根据采集函数选择最小损失函数的 x_i。

3）根据得到的 x_i，代入网络中进行训练得到输出值 y_i。

4）$D \leftarrow D \cup (x_i,y_i)$。

（3）更新数据集。

该算法中对于采集函数的常用函数包括四类：Probability of improvement、Expected improvement、Entropy search 和 Upper condence bound。由该算法可知贝叶斯算法实际中仍然不支持冷启动，贝叶斯优化参数可以借用 Hyperopt 工具来方便地实现。

5.6.2 网格搜索

网格搜索算法（Grid Search）是将超参数的取值范围类比为一个空间，通过在空间中以一定的步长来查找最优值。假设实际任务中待求解超参数有 K 个，每个超参数可以取值 m_k 个，则总共存在的可能组合数为 $m_1 \times m_2 \times m_3 \times ... \times m_K$。在超参数为连续值的情况下一般可以将超参数进行非等间隔离散化，离散化的同时可以加入"先验"，例如，对学习率进行离散化为 {0.01,0.1,0.5,1.0}。通常网格搜索算法中采用较小的步长和较大的搜索范围，一般能够找到超参数全局较优值，但是这需要消耗众多的计算资源。实际运用中基于网格算法一般使用较广的搜索范围和较大的步长来确定大概的搜索区域，之后再缩小步长和区域进行局部搜索得到最优值。

5.6.3 随机搜索

随机搜索算法是在一定的搜索范围之内随机进行最优解搜索，和网格搜索算法最大的不同在于，随机搜索算法没有步长的限制，其搜索完全是随机进行的。由于对于不同的超参数项模型最终效果不一样，例如超参数学习率会对模型性能影响较大，但是正则化系数影响有限，因此在超参数搜索时需要针对不同的参数项进行细致或大概搜索，而随机搜索算法更灵活，实际中相较网格搜索算法更加有效率。

5.7　自动模型集成

模型集成（Build-Ensemble）可视为自动机器学习中的模型选择问题，对于一个学习问题能够采用多种模型进行解决，但是如何选择最优的模型或是如何通过不同模型的组合得到更好的模型是需要研究的问题，自动模型集成一定程度上类似机器学习中的集成学习算法，通过集成多个模型往往能产生更好的结果。自动模型集成作为 AutoML 中的一个研究方向是体现自动化机器学习的一个重要方面，当前自动模型集成主要运用于分类和回归任务中，其研究主要体现在两个方面：一个是自动化模型选择，另外一个是自动化模型集成。自动化模型集成是采用集成学习算法进行若干模型集成。自动化模型选择需要定义搜索空间和搜索策略，搜索空间主要定义分类或回归问题所需要的潜在机器学习模型，例如 KNN、SVM 和决策树算法等；搜索策略则定义策略算法更好地找到最优模型，例如进化算法和贝叶斯优化算法。

Auto-WEKA、auto-ml 和 auto-sklearn 是较为知名的自动机器学习框架，auto-sklearn 主要基于 sklearn 机器学习库进行模型自动化构建，典型 auto-sklearn 框架结构如图 5-7-1 所示。auto-sklearn 工具定义搜索空间包括 33 个基本元素，基本元素包括 15 种分类算法（KNN 和 SVM 等）、14 种特征预处理方法（PCA 等），以及 4 种数据预处理方法（独热编码、imputation、balancing 和 rescaling）。auto-sklearn 工具定义策略包括贝叶斯方法和相关进化算法，可实现模型的自动选择。

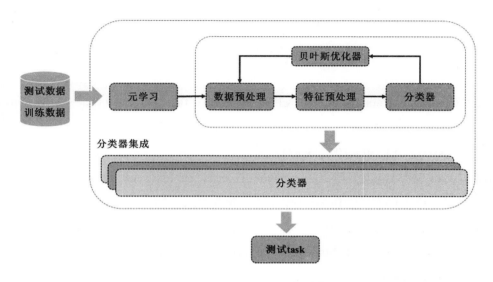

图 5-7-1　auto-sklearn 框架结构

5.8　本章小结

　　机器学习任务是一个复杂的过程，一般需要进行数据预处理、特征处理和模型训练等环节，同时每个环节需要一定先验经验，而自动机器学习技术的出现给自动化构建机器学习任务带来了希望。本章主要介绍了自动机器学习（AutoML）领域的主要理论和涉及模型，AutoML 领域可以归纳为六个方面的内容，包括特征工程、NAS、元学习、迁移学习、超参数调优和自动模型集成，其中 AutoML 领域当下的研究热点主要集中在 NAS、元学习和迁移学习方面。AutoML 技术的发展离不开众多机器学习领域的发展，当前 AutoML 依旧面临着众多的挑战，其中搜索空间巨大仍然是主要挑战。随着深度学习技术的发展，出现了越来越多的研究分支，例如迁移学习、元学习和知识蒸馏等，这些研究分支一定程度上运用于自动机器学习，给模型带来了新的建模思路，进一步促进了 AutoML 技术的进步。

参考文献

[1] Quanming Yao, Wang M, Chen Y, et al. Taking human out of learning applications: A survey on automated machine learning [DB/OL]. arXiv preprint arXiv:1810.13306. 2018 Oct 31.

[2] Lake BM, Ullman TD, Tenenbaum JB, et al. Building machines that learn and think like people[J]. Behavioral and brain sciences. 2017; 40.

[3] 百度.百度研究院 2020 年十大科技趋势[J]. 服务外包，2020（2）：76-77.

[4] Xu R, Wunsch D I. Survey of clustering algorithms[J]. IEEE Transactions on neural networks, 2005, 16(3): 645-678.

[5] Liu F T, Ting K M, Zhou Z H. Isolation Forest[C]// IEEE International Conference on Data Mining. IEEE, 2008.

[6] Vlasveld. Introduction to One-class Support Vector Machines. http://rvlasveld. github.io/blog/2013/07/12/introduction-to-one-class-support-vector-machines/ (Accessed 2020).

[7] Han H, Wang WY, Mao BH. Borderline-SMOTE: a new over-sampling method in imbalanced data sets learning[C]. International conference on intelligent computing 2005 Aug 23 (pp. 878-887). Springer, Berlin, Heidelberg.

[8] Zoph B, Le QV. Neural architecture search with reinforcement learning [DB/OL]. arXiv preprint arXiv:1611.01578. 2016 Nov 5.

[9] Pham H, Guan MY, Zoph B, et al. Efficient neural architecture search via parameter sharing [DB/OL]. arXiv preprint arXiv:1802.03268. 2018 Feb 9.

[10] Zoph B, Vasudevan V, Shlens J, et al. Learning transferable architectures for scalable image recognition[C]. Proceedings of the IEEE conference on computer vision and pattern recognition 2018 (pp. 8697-8710).

[11] Real E, Aggarwal A, Huang Y, et al. Regularized evolution for image classifier architecture search[C]. Proceedings of the aaai conference on artificial

intelligence 2019 Jul 17 (Vol. 33, pp. 4780-4789).

[12] Zoph B, Le QV. Neural architecture search with reinforcement learning [DB/OL]. arXiv preprint arXiv:1611.01578. 2016 Nov 5.

[13] Real E, Moore S, Selle A, et al. Large-scale evolution of image classifiers [DB/OL]. arXiv preprint arXiv:1703.01041. 2017 Mar 3.

[14] Liu H, Simonyan K, Yang Y. Darts: Differentiable architecture search[DB/OL]. arXiv preprint arXiv:1806.09055. 2018 Jun 24.

[15] Luo R, Tian F, Qin T, et al. Neural architecture optimization[C]. Advances in neural information processing systems 2018 (pp. 7816-7827).

[16] J. Bergstra, D. Yamins. D. D. Cox. Making a Science of Model Search: Hyperparameter Optimizationin Hundreds of Dimensions for Vision Architectures[C]. Proceedings of the 30th International Conference on Machine Learning, Atlanta, Georgia, USA, 16-21 June 2013.

[17] Domhan T, Springenberg J T, Hutter F. Speeding up automatic hyperparameter optimization of deep neural networks by extrapolation of learning curves[C]// Proceedings of the 24th International Conference on Artificial Intelligence. AAAI Press, 2015.

[18] Kalousis A. Algorithm Selection via Meta-Learning[Z]. Ph.D. thesis, University of Geneva, Department of Computer Science (2002).

[19] Finn C, Abbeel P, Levine S. Model-agnostic meta-learning for fast adaptation of deep networks [DB/OL]. arXiv preprint arXiv:1703.03400. 2017 Mar 9.

[20] Lilian Weng. Meta-Learning: Learning to Learn Fast.https://lilianweng.github.io/lil-log/2018/11/30/meta-learning.html (Accessed 2020).

[21] 宋闯，赵佳佳，王康，等. 面向智能感知的小样本学习研究综述[J]. 航空学报，2020，v.41(S1): 15-28.

[22] OpenAI. Reptile: A Scalable Meta-Learning Algorithm. https://openai.com/blog/reptile/(Accessed 2020).

[23] Pan S J, Yang Q. A Survey on Transfer Learning[J]. IEEE Transactions on

Knowledge and Data Engineering, 2010, 22(10): 1345-1359.

[24] 王晋东. 迁移学习简明手册 [EB/OL]. https://github.com/jindongwang/transferlearning-tutorial(Accessed 2020).

[25] Pan SJ, Tsang IW, Kwok JT, et al. Domain adaptation via transfer component analysis[J]. IEEE Transactions on Neural Networks, 2010, 22(2):199-210.

[26] Borgwardt KM, Gretton A, Rasch MJ, et al. Integrating structured biological data by kernel maximum mean discrepancy[J]. Bioinformatics, 2006, 22(14):49-57.

[27] Tzeng E, Hoffman J, Zhang N, et al. Deep domain confusion: Maximizing for domain invariance [DB/OL]. arXiv preprint arXiv:1412.3474. 2014 Dec 10.

[28] Long M, Zhu H, Wang J, et al. Deep transfer learning with joint adaptation networks [DB/OL]. International conference on machine learning 2017 Jul 17 (pp. 2208-2217). PMLR.

[29] Li Y, Wang N, Shi J, et al. Adaptive batch normalization for practical domain adaptation[J]. Pattern Recognition. 2018, 80: 109-117.

[30] Goodfellow I, Pouget-Abadie J, Mirza M, et al. Generative adversarial nets[C]. Advances in neural information processing systems 2014 (pp. 2672-2680).

[31] Ganin Y, Ustinova E, Ajakan H, et al. Domain-adversarial training of neural networks[J]. The Journal of Machine Learning Research, 2016, 17(1): 2030-2096.

[32] Hutter F, Hoos HH, Leyton-Brown K. Sequential model-based optimization for general algorithm configuration[C]. International conference on learning and intelligent optimization 2011 Jan 17 (pp. 507-523). Springer, Berlin, Heidelberg.

第 6 章　知识图谱

6.1　知识图谱概述

伴随着互联网大数据的发展，知识图谱技术在各大互联网公司逐渐开始落地运用，国内外各大互联网公司和机构构建的知识图谱见表 6-1-1。知识图谱当前主要分为通用知识图谱和垂直领域知识图谱。通用知识图谱是面向所有领域的通用知识库，其图谱主要强调知识的广度，往往以常识性知识为主，形态通常为结构化的百科知识，对于普通用户来说能够很好地满足知识获取的需求。而垂直领域知识图谱则是针对各个行业不同人员对应其操作业务而言构造的具有一定行业属性的知识图谱。行业知识图谱对准确性要求很高，行业知识图谱构建目前受到政府、金融公司和医疗机构等的青睐，比如面向金融行业图谱、医疗知识图谱和企业知识图谱等。面向具体行业的知识图谱构建往往强调知识深度和可靠性，期望能够为行业人员提供帮助。

表 6-1-1　国内外知识图谱项目

知识图谱	公司	特点	应用产品
百度知识图谱	百度	结构化数据搜索	百度搜索等产品
搜狗知立方	搜狗	结构化数据搜索	搜索等产品
ImageNet	斯坦福大学	搜索引擎、亚马逊 AMT	计算机视觉相关应用
Zhishi.me	-	融合各类百科词条	-
OpenKG.CN	-	开放中文知识图谱	多类图谱
CN-DBpedia	复旦大学	通用领域结构化百科	-
谷歌知识图谱	Google	超大规模数据库	谷歌搜索等

知识图谱本质上是一个语义网络，以结构化的形式描述客观世界中的概念、实体及关系，提供了一种更好的组织、管理和理解目前海量存储数据信息的能力，通过知识图谱将原来散乱的知识进行有效的组织，能够方便计算机进行快速加工处理。知识图谱是一个新兴的交叉学科，涉及认知计算、信息检索与抽取、自然语言处理和机器学习等技术。近年来随着人工智能技术的发展，各类学习算法在数据预测等任务上取得了非常可观的成绩，但是对数据的描述能力较弱，而知识图谱刚好能够弥补这个缺憾。知识图谱技术对于数据描述具有非常强大的能力，因此知识谱图技术在智能搜索、智能问答、个性化推荐等智能信息服务中有着广泛运用的潜力。知识图谱概念自从 2012 年由 Google 公司提出，至今已经形成了一系列成熟的技术体系，对于知识数据的处理主要经过知识获取、知识融合、知识表示和知识推理等，粗略技术链如图 6-1-1 所示。

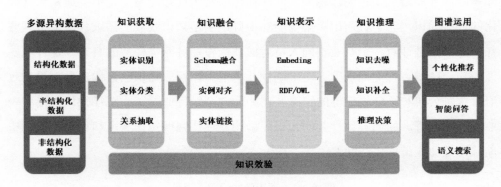

图 6-1-1　知识图谱涉及技术链

6.2　知识表示

知识是一个极度抽象的存在，如何对高度抽象的知识进行表示并在计算机中保存运算知识是知识图谱的基本问题，知识表示就是利用计算符号来表示人脑中的知识，其实现类似人脑推理过程。语义网（Semantic Web）是使用可以被计算机理解的方式描述事物的网络，是利用图结构进行知识表示的发展源头。语义网的出现让传统 Web 网络中大量可见的知识能够被计算机理解，通过给网络上的文档添加语义"元数据"能够让整个互联网成为一个通用的信息交换媒介，真正意义上实现 Document 到 Data 的转变，语义网的出现让整个互联网数据成为一个大型数据库成为可能。2016 年图灵奖获得者 Berners-Lee 对于语义网有这样的表述："如果说 HTML 和 WEB 将整个在线文档变成了一本巨大的书，那么 RDF、schema 和 inference languages 将会使世界上所有的数据变成一个巨大的数据库。" 2000 年 Berners-Lee 在 XML 2000 会议上提出了语义网的体系结构，其体系结构如图 6-2-1 所示，其各层功能由下往上逐渐增强。语义网体系结构中各层定义主要功能如下：

（1）第一层为 URI 和 Unicode，其中 URI 为统一资源描述符，确保所有资源都有唯一表示，而 Unicode 是编码格式，确保计算机能够识别特定编码下的资源。

（2）第二层为 XML，为统一资源的存储方式。

（3）第三层为 RDF，RDF 是统一的资源描述方式。

（4）第四层为 Ontology，这层建立了资源概念和概念间的语义关系。

（5）第五层至第七层主要在前面四层语义网基础架构方面进行逻辑推理等操作。

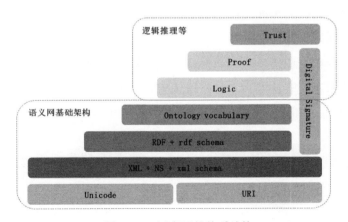

图 6-2-1　语义网的体系结构

谷歌公司提出的知识图谱来源于语义网。知识图谱是结构化的语义知识库，本质上语义网和知识图谱存在一定区别，知识图谱通过符号形式描述现实物理世界中的概念及其相互关系，其基本组成单位是"实体-关系-实体"或"实体-属性-

属性值"三元组。知识图谱中关于知识的概念需要理解本体、实例和实体的基本概念定义。"本体"是概念的集合，是大家都公认的概念框架，一般不会改变，例如"人""事""物""地"和"组织"等概念，在面向对象编程里面可以将本体视为"类"，在数据管理里面可以将本体视为"元数据"。"实体"是本体、实例及关系的整合，比如"人"是本体框中的一个概念，概念中也规定了相关属性，比如"性别"，小明是一个具体的人，小明这个个体叫作实例，根据本体所具有的属性可以推断小明也有性别这个属性，小明以及体现小明的本体概念"人"的相关属性集合叫作一个实体，可以简单地认为实体为本体和实例的结合。很多实体形成的数据库叫作知识库，如 dbpedia 等。知识图谱是一种图谱组织形式，通过语义关联把各种实体关联起来，知识图谱把结构化、非结构化的数据通过数据抽取融合在一起，体现了数据治理、语义连接的思想，有利于大规模数据的利用和迁移。

知识图谱中基于知识表示主要有两种方法：一种是基于离散符号的知识表示方法，另外一种是基于连续向量的知识表示方法。基于离散符号的知识表示主要基于 RDF（Resource Description Framework）、RDFS（Resource Description Framework Schema）、OWL（Web Ontology Language）方法。基于连续向量的知识表示方法包括 KG Embedding 等各类嵌入方法等。基于离散符号和基于连续向量的知识表示区别如图 6-2-2 所示。知识表示作为知识图谱的基础，构建不同的知识图谱往往会根据图谱反映领域选择不同的知识表示框架，因为不同的知识表示框架在描述术语、表达能力和数据格式等方面不同。典型的开放域知识图谱中 Freebase、Wikidata 和 ConceptNet 运用的相关技术体系均有不同。

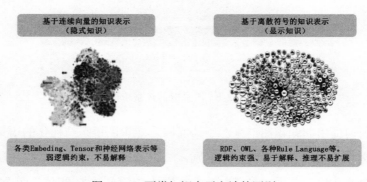

图 6-2-2　两类知识表示方法的区别

6.2.1　RDF 和 RDFS

资源描述框架（Resource Description Framework，RDF）是一个框架，是 W3C 提倡的一个统一用来描述互联网上资源及其相互关系的标准。RDF 可以用来描述网络上的诸多资源，例如网页的标题、作者、修改日期、内容以及版权信息等。RDF 形式上表示为 SPO 三元组，即表示为主语、谓语和宾语，其中主语和宾语都可以是一个个体，而谓语则是一个属性，这个属性能够连接主语和宾语所代表的个体，典型的 RDF 三元组可以表示为<实体 1、关系、实体 2>和<实体 1，属性 1，属性值 1>。RDF 使用 Web 标识符来标识互联网上的事物，同时通过属性和属性值来描述资源，其中资源可以是有 URI 的任何事物，而属性是拥有名称的资源，相应属性值就是某个属性的值。例如"The author of this book is A."，其中主体是"this book"，谓语是"author"，客体是"A"。

RDF 数据一般存储为 XML 格式文件，如图 6-2-3 所示是通过 XML 格式文件存储的 RDF 数据，基于 XML 格式的技术成熟，拥有众多的工具来存储和解析 XML。由于实际运用过程中基于 XML 文件格式保存的数据冗长且不便于阅读，需要对数据进行序列化表示，RDF 作为语义网体系的基础技术同时作为抽象的数据模型，序列化的方式主要有 RDF/XML、Turtle、N-Triple、RDFa 和 JSON-LD 等。目前运用最广泛的 RDF 序列化方法是 Turtle 方法，Turtle 文档允许以紧凑的文本形式写下 RDF 图，Turtle 序列化后的字符信息包括一系列指令、三元组语句或空白行。RDF 定义中的常见元素及元素描述见表 6-2-1。

```
<?xml version="1.0"?>
<rdf:RDF
xmlns:rdf="http://www.w3.org/1999/02/22-rdf-syntax-ns#"
xmlns:si="http://www.recshop.fake/siteinfo#">
<rdf:Description rdf:about="http://www.AAA.com.cn/RDF">
<si:author>A</si:author>
</rdf:Description>
</rdf:RDF>
```

图 6-2-3　基于 XML 的 RDF 序列化实例

表 6-2-1　部分 RDF 元素列表

RDF 元素	描述
\<rdf:RDF>	RDF 文档的根元素
\<rdf:Description>	通过 about 属性表示一个资源
\<rdf:Bag>	描述一个规定为无序的值的列表
\<rdf:Seq>	描述一个规定为有序的值的列表
\<rdf:Alt>	用于一个可替换的值的列表
rdf:parseType="Collection"	集合

　　RDF 实际中并非万能，它无法区分类和对象，也无法定义和描述类的关系属性，基于此问题 W3C 制定了另外两个标准——RDFS 和 OWL。RDFS 和 OWL 技术是相对 RDF 来说更上层的技术体系，RDFS 实际上是 RDF 的一种扩展，RDFS 元素列表见表 6-2-2。RDF 表示的是数据层的内容，RDFS 表示的是模型层的内容，RDFS 为 RDF 数据提供一个类型系统，定义了数据的类型、子类型、属性、子属性、主语的范围和宾语的范围等信息。

表 6-2-2　部分 RDFS 元素列表

RDFS 元素	描述
rdfs:subClassOf	描述子类
rdfs:Class	描述一个 RDF 资源，可以取代 rdf:Description
rdfs:Resource	描述的事物被称为资源
rdfs:Property	RDF 资源的子集，用来表示资源属性
rdfs:subPropertyOf	是 rdf:Property 的实例
rdfs:domain	指明属性的定义域
rdfs:range	指明属性的值域

　　RDF 支持类似关系型数据库中 SQL 的查询语言 SPARQL。SPARQL 中提供了查询 RDF 的标准语法和结果返回形式。一个简单的 SPARQL 语言如图 6-2-4 所

示，SPARQL 中资源用"？"或者"#"代替，WHERE 语句中列出关联的三元组模板，SELECT 子句代表要查询的目标变量。

```
SELECT    ?student
WHERE{
        ? student exp:studies exp:CS328
}
```

图 6-2-4　典型 SPARQL 查询语句

6.2.2　OWL

为了构建面向语义 Web 的本体，研究者们近年来提出了众多的本体语言，主要包括 XOL、SHOE、OML、RDF(S)、OIL、DAML+OIL 和 OWL，众多的本体语言表达能力由弱到强排序为 XOL、RDF(S)、SHOE、OML、OIL、DAML+OIL 和 OWL。RDFS 本质上是 RDF 词汇的一个扩展，但是 RDFS 的表达能力相当有限，因此提出 Web 本体语言（Web Ontology Language，OWL）。OWL 对 RDF 词汇进行了扩充，不仅有关于类和实例的词汇表示，还增加了众多的关系表示词汇，例如布尔运算中的并、或和补运算等，同时 OWL 也是一项 W3C 的推荐标准。OWL 提供了三种表达能力逐渐降低的子语言，分别是 OWL FULL、OWL DL、OWL Lite，其中 OWL FULL 子语言的表达能力最强。一个典型的 OWL 实例如图 6-2-5 所示，其中 owl:Thing 定义为个体。

```
<owl:Thing rdf:ID="CentralCoastRegion" />
<owl:Thing rdf:about="#CentralCoastRegion">
<rdf:type rdf:resource="#Region"/>
</owl:Thing>
```

图 6-2-5　OWL 实例

6.2.3　向量表示

向量表示方法是将知识图谱中的实体和关系映射到一定维度连续的向量空

间，以 RDF 为代表的离散的知识表示方法能够非常有效地将数据结构化，但是离散符号表示在计算机中无法直接进行语义计算，这样构建完成的知识图谱对于下游各项任务不是非常友好。基于向量的知识表示方法充分借鉴 NLP 领域词嵌入表示的方法（CBoW 模型和 Skip-gram 模型）提出了知识图谱嵌入（Knowledge Graph Embedding，KGE）的概念。知识图谱嵌入的主要目的就是将图谱中的实体和关系映射到连续的向量空间，并包含一些语义层面的信息，以使下游任务更方便地操作知识图谱。近年来随着知识图谱方向的研究发展，众多的知识图谱嵌入方法被提出，主流的知识图谱嵌入方法主要是将知识图谱中的实体与关系映射到一个低维的向量空间，主要的方法有距离模型、单层神经网络模型、能量模型、双线性模型、张量神经网络模型、矩阵分解模型和 trans 模型等。

结构表示（Structured Embeddings，SE）主要由 AAAI 会议于 2011 年提出，其定义每个实体为 d 维的向量，所有实体会被投影到同一个 d 维的向量空间，方便进行距离计算。结构表示中为每个三元组$<h,r,t>$定义损失函数，见式 6-2-1，式中为每个关系定义两个矩阵 $M_{r,1}$ 和 $M_{r,2}$，用于三元组中头实体和尾部实体的投影操作，损失函数为头实体和尾实体投影至同一个空间中两个 d 维投影的向量的距离，其向量距离代表在特定关系下的语义相似度，越小则越可能存在定义中的关系，结构表示学习中也需要对部分参数进行学习。

$$f_r(h,t) = | M_{r,1}l_h - M_{r,2}l_t |_{L_1} \qquad 6\text{-}2\text{-}1$$

距离模型通过学习得到的知识能够运用于多个方面，特别是实体关系链接预测方面，通过计算头尾实体间的关系距离从而确定最恰当的关系。

$$\arg\min_r | M_{r,1}l_h - M_{r,2}l_t |_{L_1}$$

6.3　知识存储

随着知识图谱中节点和关系数据规模的日益增长，对面向知识图谱领域内的专业数据库提出了要求。基于传统的关系型数据库存储知识图谱是目前一种可行的存储方法，其中主要方法包括三元组表、属性表、六重索引和 DB2RDF。传统的关系型数据库技术成熟，拥有众多的可选优秀存储数据库和技术体系作为支撑，一般的关系型数据库能够适应千万到十亿级别的三元组数据。同时知识图谱也可以基于图数据库进行存储，只是知识图谱中的基本数据形式是 RDF 三元组，而目前大部分图数据库还无法直接支持 RDF 三元组的存储，只能通过数据转换为图数据库支持的数据格式，目前最流行的图数据库是 Neo4j。RDF 作为 W3C 推荐的表示语义网上关联数据的标准格式，各大厂商近年来也纷纷推出了面向 RDF 的三元组专用数据库，比如 Apache 旗下的开源数据库 Jena，Eclipse 旗下的知识图谱数据库 RDF4J 等。主流知识图谱数据库对比可见表 6-3-1。

表 6-3-1　主流知识图谱数据库

类型	数据库	描述
基于关系	Jena	主流语义 Web 框架与数据库（Java）
RDF 三元组库	RDF4J	主流语义 Web 框架与数据库（Java）
图数据库	Neo4j	原生图存储（Java）

6.3.1　Neo4j

Neo4j 是基于 Java 语言的开源图数据库，Neo4j 图数据库能够方便地通过 Web 页面进行图结构数据的浏览，一般在有可视化要求的场景下 Neo4j 数据库运用广泛。作为 Java 语言构建的数据库产品，Neo4j 能够方便地与现在主流的开发框架进行结合，同时 Neo4j 针对 Spring 类框架都提供了接口。但是在 Neo4j 作为知识图谱存储工具的应用中，由于 Neo4j 并没有集成知识图谱的推理能力，如果进行推理操作还需按照 RDF 的格式导出来后采用 Jena 的推理功能，实际中也可以基于 Neo4j 图方面的计算能力构建一定程度的基于图结构的相关推理。

知识图谱构建依赖数据库的存储，目前流行的存储知识图谱的数据库大多选择 Neo4j，Neo4j 是一个高性能的 NOSQL 图形数据库，它将结构化数据存储在网络上而不是表中，Neo4j 是基于 Java 构建的数据库，所以安装 Neo4j 之前需要对 Java 运行环境进行安装。本章所述知识图谱构建过程均是基于 Windows 系统进行的，安装 Neo4j 图数据库首先可以通过 Oracle 官网下载 JDK 版本 13.0.2 或更高版本并安装，之后下载 Neo4j 的 4.0.0 版本或更高版本并安装。Neo4j 图数据库使用 Cypher 语言进行图数据的构建、修改和节点链接等操作，Cypher 语言和关系型数据库中的 SQL 语言相当，都具有非常好的查询效率。Cypher 语言常用操作语句有：

（1）创建节点和删除。

CREATE (n:Person { name: 'Vic', title: 'Developer' }) //创建节点

MATCH (a)-[r:KNOWS]->(b) DELETE r,b //删除一个节和关系

（2）增加和删除关系。

MATCH (n{name:'Vic'}) remove n.title RETURN n //删除节点属性

MATCH(n:Person{name:"Jack"}),(m:Person{name:"Vic"})

create (m)-[r:Friend]->(n) return r //创建两个节点关系

（3）节点信息更新。

MATCH (n {name:"Vic"}) SET n={age:20} //修改节点信息，覆盖节点属性

MATCH (n {name:"'Vic'"}) SET n+={age:20} //新增 age 属性

（4）查询。

MATCH (n{name:" 'Vic'"})return n //查询特定节点

MATCH (n) return n //查询所有节点

（5）索引和约束。

CREATE INDEX ON :Person(name) // "Person" 标签的 name 属性创建索引

DROP CONSTRAINT ON (n:Person) ASSERT n.name IS UNIQUE //创建节点属性唯一约束

实际开发过程中除了采用 Java 语言和 Neo4j 进行交互，很多采用 Python 语言的工作场景过程则可以通过 Py2neo 模块完成 python 对 Neo4j 数据库的操作。Neo4j 强大的接口和社区让 Neo4j 越来越可能成为流行的图结构数据库。

6.3.2　Jena 框架

Apache Jena（或简称 Jena）是一个用于构建语义 Web 和关联数据应用程序的自由和开源的 Java 框架，该框架由不同的 API 组成，用于处理 RDF 数据。Jena 作为专业的知识图谱框架，其对 RDF、三元组和 OWL 文件有较好的支持，并具备一定的推理能力。Jena 框架是 Apache 基金支持下的产品，Jena 最底层数据

库支持四种存储模式：基于内存（in-memory）、关系数据库（SDB）、TDB 和用户自定义，其中基于 SDB 和 TDB 最常用，特别是官方推荐的 TDB 存储方式速度快，支持高效并行查询。TDB 存储由三个部分构成：node 表、Triple 和 Quad 索引、Prefixes 表组成。Jena 整体结构框架如图 6-3-1 所示，Jena 框架内置了推理 API，可以通过其进行 RDFS 和 OWL 本体上的任务推理，Jean 最上层对于常用的三元组管理功能 API、本体推理功能 API 和查询处理 API 进行了封装，方便外接程序调用，同时 Jena 内置解析器和编写器，其对于 Turtle、N-Triples、RDFa 和 RDF/XML 均有较好支持。架构中 Fuseki 是基于 Jena 的 SPARQL 服务器，提供了单机运行、作为系统的一个服务运行、作为 Web 应用运行或者作为一个嵌入式服务器运行四种运行模式，实践中需要进行下载安装并开启服务。

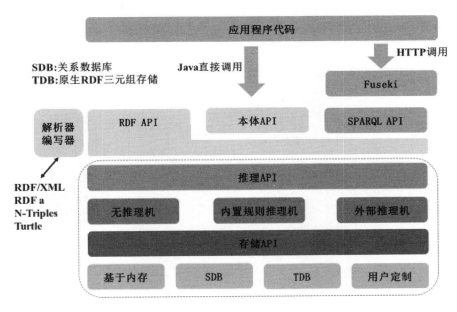

图 6-3-1　Apache Jena 结构图

6.4　知识抽取

知识抽取是从不同来源数据、不同结构数据中提取知识并以知识图谱形式存入数据库中的技术，知识抽取数据来源多种多样，一般包括结构化数据（关系型数据库中的数据等）、半结构化数据（已有表格中的数据等）和非结构化数据（文本数据等），针对不同的数据往往需要不同的技术来进行知识的抽取。知识抽取任务根据抽取知识类别的不同可以进一步划分为命令实体识别、关系抽取和事件抽取三个子任务，知识抽取大致任务分类和常见具体运用技术如图 6-4-1 所示。由于知识抽取是对知识的一种可计算性整理，其对于整个知识图谱领域下游任务至关重要，因此当前涌现了一部分知名的知识抽取竞赛项目，例如消息理解会议（Message Understanding Conference，MUC）、自动内容抽取（Automatic Content Extraction，ACE）、知识库填充（Knowledge Base Population，KBP）和语义评测（Semantic Evaluation，SemEval）等。随着知识图谱对于知识抽取任务的需求，众多机构也纷纷开发了自己的知识抽取 D2R 工具，例如当前著名的 Ontop、SparqlMap 和 OpenLink 等。

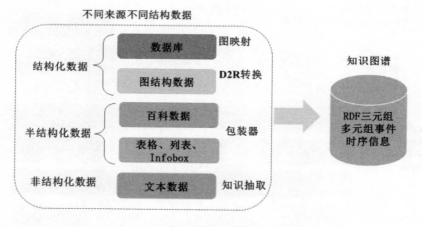

图 6-4-1　知识抽取分类及常见方法

6.4.1　结构化数据知识抽取

结构化数据知识抽取是从数据库这种结构化数据中抽取知识转化为 RDF 三元组数据或者 OWL 本体等。由于已有的数据库中各类知识之间存在明确的关系，从中进行知识抽取相对较容易，在该领域中已经有一些标准和软件工具支持从数据库中直接导出 RDF 三元组数据。其中 W3C 在 2012 年发布了两个推荐的 RDB2RDF 映射语言：R2RML（RDB to RDF Mapping Language）和直接映射（Direct Mapping，DM），两个生成语言中定义了关系数据库转 RDF 数据的各种规则。

直接映射方法是最便捷的映射方法，是直接将数据库中存在的关系映射到 RDF 三元组，而在实际中我们很少运用这种直接映射的方法进行映射。直接映射方法中定义规则较为简单，其主要规则如下：

（1）数据库的表作为本体中的类（Class）。

（2）表的列作为属性（Property）。

（3）表中存储的每一行数据作为实例/资源。

（4）表的单元格值为字面量。

（5）如果单元格所在的列是外键，那么其值为 IRI。

直接映射方法实例如图 6-4-2 所示。通过图例和定义规则能够清楚直接地反映直接映射方法的缺陷，且较为明显，即无法自定义本体，因此 R2RML 映射方法较直接映射方法复杂，但是能够更加灵活地从结构化数据中进行自定义知识抽取。

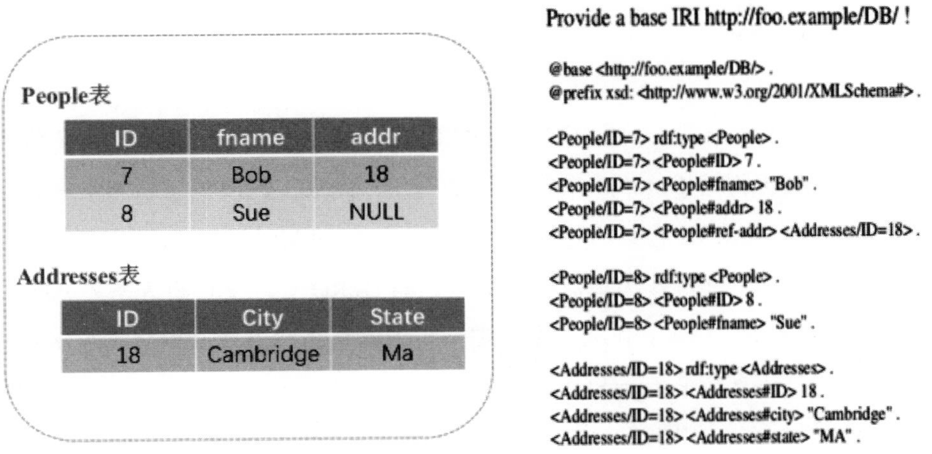

图 6-4-2　直接映射图

R2RML 映射语言需要预定义映射文档，通过映射文档我们可以定义具体的相关映射参数。一个简单的映射文档如图 6-4-3 所示，文档通过 R2RML 将关系型数据库中的 Person 表映射到 Person 类上，PersonName 字段映射到 PersonName 属性上。其中 rr:class 声明本体中定义的类，rr:predicate 代表谓语，rr:objectMap 则指定该属性值对应关系数据库中的具体哪一列，更多详细的定义规则可以参考 W3C 官方文档。

```
@prefix rr: <R2RML: RDB to RDF Mapping Language Schema>.
@prefix : <http://www.kgdemo.com#>.


<#TriplesMap1>
    rr:logicalTable [ rr:tableName "person" ];
    rr:subjectMap [
        rr:template "http://www.knowledge.com/person/{person_id}";
        rr:class :Person;
    ];
    rr:predicateObjectMap [
        rr:predicate :personName;
        rr:objectMap [ rr:column "personName" ];
    ]
```

图 6-4-3　R2RML 映射文档实例

D2RQ 和 Ontop 是一种能够将关系型数据库作为虚拟的、只读的 RDF 图的工具平台，D2RQ 相较 Ontop 具有更久远的历史，D2RQ 提供了自己的映射语法，其语法形式和 R2RML 类似。D2RQ 目前发布了 r2rml-kit 以支持 W3C 制定的两个映射标准。目前 Ontop 作为最流行的框架，和 D2RQ 一样支持将关系数据库映射到虚拟 RDF 数据。Ontop 作为一个虚拟知识图谱系统，支持 R2RML 和 Ontop 映射语言，同时还支持 PostgreSQL、MySQL、SQL server、Oracle 和 DB2 主流的数据库存储系统，在知识图谱开发阶段 Ontop 还提供基于 Protégé 软件插件进行修改和测试。Ontop 系统的设计架构如图 6-4-4 所示。

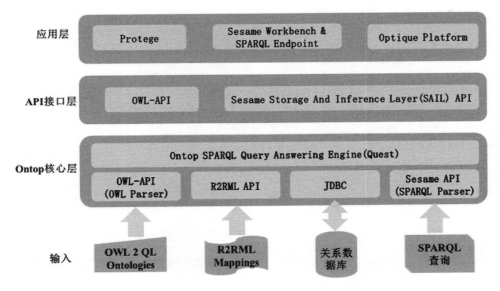

图 6-4-4　Ontop 结构图

6.4.2　半结构化数据知识抽取

半结构化数据目前主要包括百科类数据和网页数据，这类数据往往为了便于 Web 展示和用户浏览阅读对内容进行了半结构化处理，例如百科数据中每一个百科词条中都细分了不同的内容并从不同方面进行解释，同时这类半结构数据一般具有很强的逻辑性和准确度，因此半结构化数据的抽取对于丰富知识图谱极其重要，众多的通用知识图谱都以百科词条这类半结构化数据为图谱数据来源。从百科进行知识抽取构建知识图谱非常流行，比如基于维基百科的 DBpedia 和 Yago 知识图谱等，中文百科图谱项目有 Zhishi.me、XLore 和 CN-DBpedia 等。其中 DBpedia 项目是较早的具有代表性的知识图谱知识抽取项目，也是目前最大的跨领域知识图谱项目之一。DBpedia 基于维基百科进行知识抽取，其构建流程图如图 6-4-5 所示。

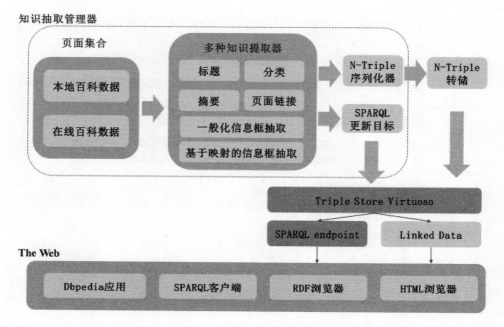

图 6-4-5　DBpedia 知识抽取框架

从网页特别是百科中进行知识抽取一般基于包装器实现，包装器生成方法有三种方法：手工方法、包装器归纳法和自动抽取方法。手工方法实现类似网页爬虫，其通过对网页的 CSS 和 html 等元素进行分析从而提取特定内容。包装器归纳法则是基于监督学习的方法，通过训练样本集合学习信息抽取的规则，包装器归纳法通过已标注的训练样本集合进行训练，学习信息抽取的规则，训练好的模型能够运用于其他网页进行数据抽取。自动抽取方法首先将相似的网页聚类到同一个小组，然后运用该组的包装器进行数据抽取。以上三种基于半结构化的数据知识抽取方法对比见表 6-4-1。

表 6-4-1　网页信息抽取方法对比

信息抽取方法	特性	缺陷
手工方法	通用性强	人工设计提取规则
包装器方法	运用于小规模网站	数据构造成本高
自动抽取方法	可以运用于大规模网站	抽取效果可能不太好

6.4.3 非结构化数据知识抽取

知识大部分都以非结构化形式存在，比如各类期刊、报道和新闻等文本或图像和视频等非文本媒体，如何从大量的非结构化数据中进行知识抽取是认知智能发展下的研究热点和研究难点。非结构化数据知识抽取依赖于自然语言处理（Natural Language Processing，NLP）相关技术，借助 NLP 相关技术从文本数据中抽取实体及关系，文本场景下的知识抽取过程可用图 6-4-6 进行描述。目前主流的基于非结构化的文本知识提取方法主要关注知识实体抽取、关系抽取和事件抽取三个方面。

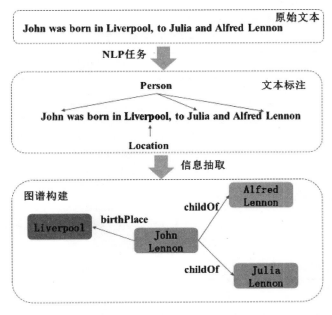

图 6-4-6　文本中知识抽取实例

实体抽取又称实体识别（Named Entity Recognition，NER），实体抽取中首先需要明确实体定义，实体又称为命名实体，包括人名、机构组织名、地理位置、时间日期和金额等。基于文本的实体抽取实例如图 6-4-7 所示，需要通过相关算法对文本中的时间、人名、货币和地理位置实体进行判断，实体抽取整个过程可以类似为一个 find & classify 过程，即首先找到命名实体，然后对实体进行分类。

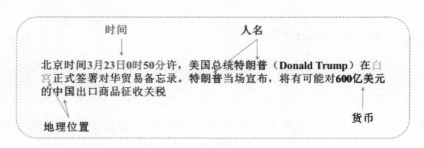

图 6-4-7　实体抽取实例

实体抽取的主要任务可以分为两步：第一步，找到命名实体；第二步，进行分类实体抽取，主要有基于规则的方法、基于统计模型的方法、基于深度学习的方法。当前实体抽取领域常用的方法见表 6-4-2。

表 6-4-2　实体抽取常用方法

实体抽取方法	描述
基于规则和词匹配方法	手动进行规则梳理，此方法当前运用较少
基于机器学习方法	隐马尔可夫模型（Hidden Markov Model，HMM）、最大熵马尔可夫模型（Maximum Entropy Markov Model，MEMM）、条件随机场（Conditional Random Fields，CRF）和支持向量机（Support Vector Machine，SVM）等
基于深度学习方法	LSTM+CRF 等
基于半监督/迁移学习方法	利用一部分未标注数据，或者其他领域、其他语言的数据来增强当前的模型
基于预训练模型的方法	BERT、ERNIE 和 ERNIE 预训练模型

实体关系抽取（Relation Extraction，RE）是抽取实体之间的语义关系，是从自然语言文本中识别并判定实体对之间存在的特定关系。知识图谱中采用 RDF 三元组 $<E_1,R,E_2>$ 进行实体 E 及实体关系 R 的表达，实体关系抽取需要判定实体 E_1 和 E_2 之间的关系——特定关系 R。基于文本的实体关系抽取实例如图 6-4-8 所示，实体关系抽取中一般基于三个步骤进行，首先通过命名实体识别发现实体，然后发现关系触发词，最后通过判定模型判定实体和关系的匹配情况。

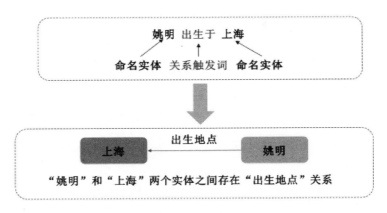

图 6-4-8　实体关系抽取实例

基于实体关系抽取方法目前主要采用机器学习和深度学习进行关系的自动提取，实体关系抽取常用方法见表 6-4-3。目前基于实体关系抽取方法拥有众多的可用文本处理工具，例如 NLTK 工具和 DeepDive 工具等，中文文本处理工具包括结巴分词（jieba）分词和清华分词（THULAC）等。

表 6-4-3　实体关系抽取常用方法

实体关系抽取方法	描述
早期关系抽取方法	主要基于规则、词典驱动的方法进行关系抽取
基于机器学习方法	机器学习方法通过训练样本让模型学习关系抽取模型，最后在预测样本中进行预测，主要分为有监督的方法、半监督方法和无监督方法
基于深度学习方法	利用深度学习的自动特征提取能力，通过样本语料进行模型训练得到提取模型，主要方法分为有监督方法、远程监督方法和预训练的方法
基于开放领域的关系抽取	针对大多未经人工标注的开放语料数据进行关系抽取，主要方法分为半监督和无监督两类

事件抽取（Event Extraction，EE）是提取文本信息中的事件信息，即从结构化的文本中提取事件信息以结构化的方法进行展示，事件抽取在智能风险控制和舆情监控等领域具有重要的运用价值。一个事件往往包含众多的信息，从非结构

化文本数据中进行事件抽取一般需要抽取事件发生时间、事件地点、事件参与者等信息。事件抽取是一个复杂的过程，首先需要进行事件的发现和抽取，这一般与事件触发词有关，其次需要对事件元素进行抽取，事件的发现需要判断某个词是否触发了某类型事件，例如某公司的收购行为中，需要判断这是一个收购事件发生，其次针对收购事件发生的时间等事件元素进行抽取。事件抽取实例如图6-4-9 所示。

苹果公司将于西部时间9月12日上午10点（北京时间9月13日凌晨1点）举行新品发布会，这一次的发布会地点是全新建造的史蒂夫·乔布斯剧院。根据目前的消息，这次发布会上苹果将会发布iPhone8（命名不确定，暂且称之为 iPhone8）、iPhone 7s、iPhone 7s Plus、Apple Watch 3 以及全新 Apple TV 。

事件抽取

事件类型	发布会事件
公司	苹果公司
时间	西部时间9月12日上午10点
地点	史蒂夫·乔布斯剧院
产品	iPhone8、iPhone 7s、iPhone 7s Plus、Apple Watch 3 和Apple TV

图 6-4-9　事件抽取实例

事件抽取中对于事件相关要素的描述包括事件指称、事件触发词、事件元素、元素角色和事件类别，其定义名称及描述见表 6-4-4。

表 6-4-4　事件相关定义

名称	描述
事件指称	对客观发生事件的语言描述，通常为一个句子，同一事件可有不同的事件指称、在文档中分布的位置也不同或分布在不同对的文档中
事件触发词	事件中最能代表事件发生的词，是决定事件类别的重要特征，事件触发词一般是动词或名词
事件元素	指事件中的参与者，是组成事件的核心部分，主要由实体、事件和属性值组成
元素角色	事件元素与事件之间的语义关系，即事件元素在相应的事件中扮演什么角色
事件类别	事件元素和触发词决定了事件的类别

现实中事件类型及其对应角色实例众多，例如事件类型可以分为财经/交易事件、产品行为事件、竞赛行为事件和人生事件等，具体实例见表 6-4-5。

表 6-4-5　事件类型及对应角色表

类别	事件类型	事件角色 1	事件角色 2	事件角色 3	事件角色 4	事件角色 5
财经/交易 1	出售收购	时间	出售方	交易物	出售价格	收购方
财经/交易 2	跌停	时间	跌停股票			
财经/交易 3	加息	时间	加息幅度	加息机构		
产品行为 1	发布	时间	发布产品	发布方		
产品行为 2	获奖	时间	获奖人	奖项	颁奖机构	
交往 1	道歉	时间	道歉对象	道歉者		
交往 2	点赞	时间	点赞方	点赞对象		
人生 1	产子/女	时间	产子者	出生者		
人生 2	求婚	时间	求婚者	求婚对象		
竞赛行为	夺冠	时间	冠军	夺冠赛事		

当前针对事件抽取任务出现了众多的赛事任务，例如百度的事件抽取任务竞赛。传统的事件抽取任务通常分为两大部分：第一部分是抽取事件触发词，找到事件的类型；第二部分是根据事件触发词和事件类型，提取该事件的论元角色，如时间、地点、人物或者其他与事件相关的具体属性。前已有的事件抽取方法主要基于模式匹配和机器学习两类方法，其中模式匹配方法是采用各种模式匹配算法对待抽取句子进行匹配，这类方法是在一些模式的指导下进行的，基于机器学习的事件抽取方法则往往将问题转换为分类问题进行解决，两类抽取方法可以通过表 6-4-6 进行对比分析。

表 6-4-6　事件抽取主要方法

名称	描述
基于模式匹配	往往基于上下文约束模型进行匹配，对特定领域能取得较好结果，但是移植性差，常见的抽取系统有 ExDisco、GenPAN 和 FSA 等

名称	描述
基于机器学习	将事件类别和元素识别转换为分类问题进行求解，这类算法与领域无关，具有很好的移植性，但是模型训练需要大规模地标注数据，常用算法包括 SVM 和最大熵模型等

当前知识图谱领域对事件知识图谱的构建也是研究热点，通过事件抽取以及事件关系抽取组合成具备动态事件属性的图谱，其中事件关系主要包括共指、时序、因果和子事件四种类型，事件知识图谱具备广泛的运用潜力。

6.5　知识融合

知识融合是合并两个知识图谱，其核心问题是研究怎样将来自多个来源的关于同一个实体或概念的描述信息融合起来，不同的知识图谱往往包含了不同的机构和元数据，而且很多知识存在重叠。知识图谱融合需要根据各个不同的知识构建一个新的更大的图谱，这往往需要解决不同本体、不同实例、跨语言和异构性的挑战，因此融合任务一般可分为实体对齐、属性对齐、冲突消解和规范化等子任务，而如何根据各个不同的知识图谱实现知识图谱的实体对齐和实体链接是知识融合中的研究重点，例如中文百科词条中对于玄奘、唐三藏和金蝉子实际上具有同一个实体含义。知识融合作为重要的知识图谱构建环境，近年来也出现了一些知识融合类项目竞赛，例如本体对齐竞赛（Ontology Alignment Evaluation Initiative，OAEI）。典型知识图谱融合流程如图 6-5-1 所示，针对多源知识首先进行预处理并对知识进行清洗，以解决输入数据的质量问题，常用预处理包括语法正规化和数据正规化，语法正规化往往需要规范联系电话和家庭地址等的表示方法，数据正规化则需要进行空格等特殊符号移除以及昵称和缩写的补全等。预处理后需要进行本体匹配和实体对齐操作，最后则对多源知识进行融合输出，其中本体匹配是为了发现模式层的等价或相似的类、属性和关系，而实体对齐则侧重于发现相同对象的不同实例。

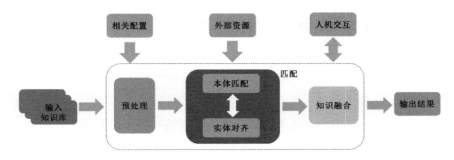

图 6-5-1　知识图谱融合流程

6.5.1　本体层融合

本体（Ontology）作为哲学本体论中的观点在 20 世纪 90 年代被引入计算机科学领域，本体模型中本体组成可以归纳为类（Class）、实例（Instances）、属性（Properties）、公理（Axioms）和关系（Relations），其中最重要的要素是类和属性，这两者也称为本体的实体元素。本体本质用一组专业的词汇以及词汇之间的关系来描述客观事物，即通过用一系列<主语、谓语、宾语>三元组来刻画和描述客观事物，同时三元组之间又有公理定义的关系。实际本体构造中由于本体创造的主观性、不统一性和自治性往往导致本体异构出现，如图 6-5-2 所示为两个描述书籍信息的异构本体，左侧图将"会刊"设定为"书籍"的子类，而右侧图将"会刊"设置为"合成物"的子类。

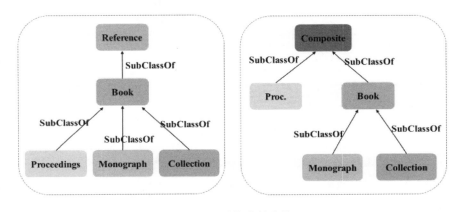

图 6-5-2　异构书籍本体

本体异构主要包括模式层异构和数据层异构（实例异构），而模式层异构则进一步可以分为语言性异构和结构性异构，如图 6-5-2 所示，针对概念 "Book" 会存在不同的子类，则属于结构性异构。语言学异构则特指具有相同名称但表达含义完全不同或具备相同含义但不具备相同名称的情况，例如 "Contribution" 和 "Paper" 在某些本体中均表示 "论文" 含义。实例异构往往指两个本体中不同的实例但是却表示同一个体，例如 "齐天大圣" 和 "孙悟空" 其实都表示同一人。本体层融合主要是本体匹配和本体融合，本体匹配是建立来自不同本体的实体之间的关系（实体间相似值、模糊关系或逻辑符），侧重发现等价或相似的类、属性和关系，而本体融合是让不同本体的实体之间产生逻辑关联，这一定程度上是需要对本体间的匹配关系添加额外公理。一般本体匹配常用方法见表 6-5-1。目前基于本体匹配的常用系统包括 RiMOM 和 Falcon-AO，RIMOMO 是由清华大学开发的本体映射框架，框架集成了多种匹配策略，而 Falcon-AO 是由南京大学开发的本体映射工具。

表 6-5-1　本体匹配方法

方法	描述
基于文本的方法	基于名称的方法（EcondString、SimMetrics）和基于文档的方法（V-DOC）
基于结构的方法	相似度传播算法、基于随机游走策略的结构匹配算法
基于实例的方法	马尔科夫随机场从实例中学习出概念匹配 基于敏感哈希的实例匹配
基于背景知识的方法	背景知识的质量
基于逻辑推理的方法	LogMap、AML

6.5.2　实体对齐

知识图谱中本体和实体概念重要，本体通常用来描述特定领域的概念及概念之间的关系，一个领域知识往往可以用一个本体进行描述，本体可以用来表示整个知识库的结构和框架。实体表示客观对象且是一个存在的对象，例如一首歌、一个人可以表示为一个实体，实体信息往往又包含对象的类别、属性和描述信息等众多的元素，例如《西游记》可以归为文化类别的实体而贝多芬可以归为人物类别实体。实体对齐（Entity Alignment，EA）又可称为实体融合，实体对齐是在数据层面进行融合，将来源于不同图谱但现实中都具有相同对象的实体进行对齐融合。实体对齐对实体的关系、属性和所属类别等信息进行融合以减少数据冗余，目前面向多源异构知识库的实体对齐研究是当前知识图谱的研究热点，实体对齐主要研究内容包括实体消歧和共指消歧两个方面。实体消歧义本质上是为了解决一词多义的问题，例如实体名"苹果"在现实中存在多种解释，既可以是水果中的一种也可以指代著名美国高科技公司。共指消歧又称为指代消歧，是明确文本中"代词"的具体指代对象，例如文本中的代词"他"在不同的语境中存在不同的指代人物，共指消歧任务中往往需要首先进行指代识别（Mention Detection），然后进行指代消解（Coreference Resolution）。

实体对齐目前主要分为两个方面——基于传统方法和基于表示学习方法，二者相互关系见表 6-5-2。近年来以深度学习为代表的认知智能技术的发展让知识表示方法得到了发展，通过模型将知识图谱中的实体和关系映射到低维度稠密空间进行向量表示，便于通过向量表示来表达知识图谱中各个实体之间的语义关系。例如在"实体消歧"任务中定义向量 V_1 表示语句"美国一家高科技公司，经典的产品有 iPhone 手机"，向量 V_2 表示语句"水果的一种，含有丰富的维生素"，消歧任务中需要判断语句"今天苹果发布了新的手机"中"苹果"的真实语义，则只需要判断向量间相似度 $sim(V_t, V_1)$ 和 $sim(V_t, V_2)$ 的大小。实际运用过程中一般可采用 Limes 工具进行实体对齐操作。

表 6-5-2 实体对齐方法

方法	描述
基于传统方法	等价关系推理（OWL:sameAS、反函数属性）和相似度计算（比较实体属性和取值）
基于表示学习方法	Embedding-based

6.5.3　实体链接

实体链接（Entity Linking，EL）就是需要将文本中的提及/指称（Mention）链接到相应知识库（KG）里的实体（Entity）的任务，提及可以理解为文本中表达实体的语言片段，实体链接作为能够更新知识库中实体和关系的方式之一，是目前知识图谱中的研究重点。实体链接目前的难点主要是：首先是同一个实体有不同的提及，如孙悟空别名有孙行者、齐天大圣等；其次同一个提及对应不同的实体，如苹果对应水果，但也对应苹果手机的品牌。实体链接主要可分为候选实体生成（Candidate Entity Generation，CEG）和候选实体消歧（Entity Disambiguation，ED）两个方面，实体生成是当被提及后需要找到知识库中所有对应候选实体，组成候选实体集（Candidate Entities），实体消歧是从候选实体集合中选择最可能的实体作为预测实体。实体链接实例如图 6-5-3 所示。

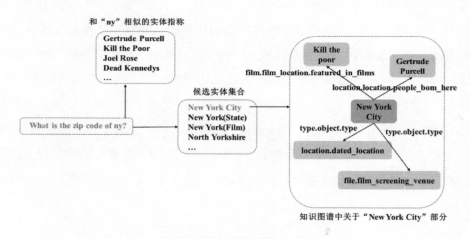

图 6-5-3　实体链接实例

候选实体生成中首先需要通过命名实体识别方法识别出文本中的实体，例如文本中有关于姚明的介绍，则可能会识别到李宁、中国和企业家等实体信息。候选实体生成中需要根据确定的实体构造可能指向知识库的实体结合，例如上述"李宁"实体可以指向"运动员李宁"和"运动品牌李宁"。针对实体集合的生成方法主要包括表层名字扩展、基于搜索引擎方法和构建查询实体引用表的方法，表层名字扩展方法主要对缩写词进行扩展,例如"Wuhan University"缩写为"WHU",基于搜索引擎的方法则是将提及和上下文送入搜索引擎,根据搜索引擎的返数据生成候选实体,构建查询实体引用表则是根据百科数据构建查询实体应用表,建立提及和候选实体的对应关系。

实体消歧中需要对候选实体进行筛选,得到最适合原文本中上下文的实体,筛选往往可以通过实体的多个特征进行,最终对多个特征组合能够一定程度上获得目标实体。实体消歧中,不同场景的特征选取是非常重要的,实体包含的特征主要分为上下文独立特征和上下文不独立特征,上下文独立特征中一般包括实体流行度、实体自身属性(热度、类型等),而上下文不独立特征一般有上下文相似度、基于相似实体指称的特征,实体消歧中常用特征的定义见式 6-5-1,基于下文获得的特征作为研究热点,目前众多研究者都有涉及,其中如何更好、更快地利用一致性特征来进行分歧操作是一个有趣的方向。

(1)实体流行度是指实体在知识库中出现的频率,一般情况下当一个实体有很多的关系指向该实体时,则可将入度作为实体流行度。其计算公式见式6-5-1。式中 S_p 为该实体出现的概率,N 为实体总数,$count()$ 为实体出入度之和。

$$S_p = \frac{count(e_{target}) + 1}{\sum_{i=1}^{N} count(e_i) + N} \qquad 6\text{-}5\text{-}1$$

(2)基于问句的相似度特征。由于知识图谱构建中实体类别和实体间关系特征的存在,通过计算实体类别和实体关系在指称上下文的内容相似度,从而可以选择目标实体。其计算公式见式 6-5-2,式中 vec_m 为指称上下文向量,通过各个词向量的均值得到,t_{final} 为最终选择实体类别,vec_{t_j} 为候选实体所属类别 t_j 对应的 Glove 次向量累加平均向量表示。

$$t_{final} = \arg\max X_{t_i \in T_j} \cos(vec_m, vec_{t_j}) \qquad 6\text{-}5\text{-}2$$

6.6　知识推理

目前大部分知识图谱通过人工或半人工方式构建,但这些图谱仍然较为稀疏,大量实体之间的关系仍然没有被充分挖掘。推理是由一个或几个已知的判断推出新判断的过程，知识图谱中知识推理是通过已有的知识推理出未知知识的过程，知识图谱构建过程中由于知识图谱的不完整性明显，需要通过推理对知识图谱进行某些知识的补全和更新。一个简单的知识图谱推理实例如图 6-6-1 所示，若图谱中已包括三元组<周杰伦，老婆，昆凌>和<周杰伦，妈妈，叶惠美>，则通过知识推理能得到新的三元组<昆凌，婆婆，叶惠美>。由于知识图谱中基于 RDF 语言构造三元组，推理结果往往是新三元组的形成。知识图谱推理方法目前大致可以分为归纳推理和演绎推理方法，其中归纳推理方法包括路径推理、表示学习、规则学习和基于强化学习的推理等，演绎推理方法一般包括基于描述逻辑、Datalog和产生式规则等。归纳推理是由已有的观察得出一般的结论，是由部分到整体、个别到一般的推理，演绎推理是在给定的前提下，推断一个必然成立的结果，演绎推理属于必然性推理。基于已有知识图谱实现知识推理是认知智能里极其重要的细节。

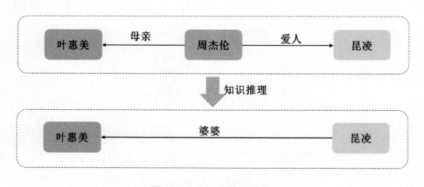

图 6-6-1　知识推理实例

6.6.1　基于逻辑的推理

基于逻辑的推理方法主要基于逻辑描述系统进行，而 OWL 是知识图谱中最规范严谨和表达能力最强的语言，且 OWL 本体语言基于 RDF 语法，所以知识图谱采用 OWL 本体语言对知识进行规范和严谨的表示为逻辑推理提供了可能。知识图谱中 OWL 语言的逻辑基础为描述逻辑（Description Logic，DL），描述逻辑是基于对象的知识表示的形式化，一个简单的描述逻辑系统一般有四个基本部分：描述语言（基本元素：个体、概念和关系）、TBox 术语集、ABox 断言集、TBox 和 ABox 上的推理机制。不同的描述逻辑系统在上述四个部分之间存在一定差异，TBox 和 ABox 的定义见表 6-6-1。通过描述简单概念和关系能够构造出复杂的关系和概念，描述逻辑构造算子一般有：交（∩）、并（∪）、非（¬）、存在量词（∃）和全称量词（∀）。OWL 作为 W3C 推荐的知识图谱标准，其 OWL 词汇和描述逻辑对应关系如图 6-6-2 所示。

表 6-6-1 TBox 和 ABox 的定义

定义	描述
TBox	TBox 为术语集（描述概念和关系，是一种泛化的知识）。TBox 包含定义和包含，定义为定义概念或关系，如 Mother、Person，hasChild，包含则是包含关系的知识，如 Mother ∃ hasChild.Person
ABox	ABox 是断言集（具体个体的信息），包含概念断言和关系断言，概念断言表示一个对象是否属于某个概念，如 Parent(Liu A)，关系断言表示两个对象之间是否满足某种关系，如 hasChild(Liu A,Liu B)

公理	DL 句法	实例
subClassOf	$C_1 \sqsubseteq C_2$	Human $\sqsubseteq$ Animal $\sqcap$ Biped
sameClassAs	$C_1 \equiv C_2$	Man $\equiv$ Human $\sqcap$ Male
subPropertyOf	$P_1 \sqsubseteq P_2$	hasDaughter $\sqsubseteq$ hasChild
samePropertyAs	$P_1 \equiv P_2$	Cost $\equiv$ price
sameIndividualAs	$\{x_1\} \equiv \{x_2\}$	{Prsident_Bush} $\equiv$ {G_W_Bush}
disjointWith	$C_1 \sqsubseteq \neg C_2$	Male $\sqsubseteq \neg$ Female
differentIndividualFrom	$\{X_1\} \sqsubseteq \neg \{x_2\}$	{John} $\sqsubseteq \neg$ {Peter}
inverseOf	$P_1 \equiv P_2^-$	hasChild $\equiv$ hasParent$^-$
transitiveProperty	$P^+ \sqsubseteq P$	Ancestor $^+\sqsubseteq$ ancestor
uniqueProperty	$T \sqsubseteq \leq 1P$	$T \sqsubseteq \leq 1$hasMother
unambiguousProperty	$T \sqsubseteq \leq 1P^-$	$T \sqsubseteq \leq 1$isMotherOf$^-$

图 6-6-2 OWL 词汇和描述逻辑对应表

基于表运算（Tableaux）是本体推理方法中描述逻辑知识库一致性检测的最

常用方法。Tableaux 主要运用于某一本体的可满足性，算法通过一系列规则构建 ABox 以检测可满足性。简单描述逻辑系统的 Tableaux 运算规则如图 6-6-3 所示，Tableaus 算法过程中通过根据相关规则不断构建 ABox 来检验某一实例或本体的可满足性。目前基于 Tableaus 算法的常用本体推理工具包括 FaCT++、RacerPro、Pellet 和 Hermit 等。

规则	描述
⊓⁺-规则	若C⊓D(x)∈∅,且C(x),D(x)∉∅,则∅:=∅∪{C(x),D(x)}
⊓⁻-规则	若C(x),D(x)∈∅,且C⊓D(x)∉∅,则∅:=∅∪{C⊓D(x)}
∃-规则	若∃ R.C(x)∈∅,且R(x,y),C(y)∉∅,则∅:=∅∪{R(x,y),C(y) }
∀-规则	若∀R.C(x), R(x,y)∈∅,且C(y)∉∅,则∅:=∅∪{C(y)}
⊑-规则	若C(x)∈∅,C⊑D ,且D(x) ∉∅, 则∅:=∅∪{D(x)}
⊥-规则	若⊥(x)∈∅, 则拒绝∅

图 6-6-3 简单描述逻辑系统的 Tableaux 运算规则

6.6.2 基于规则的推理

基于规则的推理方法主要解决基于逻辑推理的方法存在的两个缺陷：仅支持本体公理上的推理和无法定义自己的推理过程。基于规则的方法和框架中较为常用的方法包括基于逻辑编程的方法（Prolog 语言）、逻辑编程改写的方法（Datalog）、Jena 框架和一阶查询重写的方法。

Prolog（Programming in Logic，Prolog）作为一种逻辑型程序设计语言于 1972 年在法国马赛大学提出，Prolog 可以实现一些复杂的逻辑运算。Prolog 语言中定义常量和变量、关系和属性、规则（推理方法），其中常量以小写字母开头而变量以大写字母开头，定义两个对象之间的关系时则采用括号表示，如 *friend*(*jack*, *peter*)，定义属性时则表示为含单个参数的括号，如 *male*(jack)。Prolog 编程语言通过定义规则实现众多变量的关系推理，例如定义朋友关系时相互的规则 *friend*(X,Y):- *friend*(Y,X)，由于其中 X 和 Y 均为变量，符号:-表示推理关系，因此 friend(jack, peter)根据此规则能够得到 friend(peter, jack)。Prolog 编程语言作为简单的基于规则推理的语言实际并没有得到广泛应用，这主要是由于其形式过于规范，往往对两条规则的出现顺序进行交换，程序就会陷入死循环。

Datalog 是对 Prolog 语言的一种改进形式语言，Datalog 作为一种数据查询语言，其语法和 Prolog 在很多方面类似，Datalog 的语句由事实和规则组成，一条 Datalog 规则一般包括三个部分：规则头、蕴含符号和规则体。Datalog 推理可以用算法 6-6-1 进行描述。

算法 6-6-1（Datalog 推理实例）

（1）定义规则：岳父(X,Z) :- 妻子(X,Y), 父亲(Y,Z)

（2）已知事实：妻子(姚明,叶莉)

（3）已知事实：父亲(叶莉,叶大)

（4）由（1）和（2）推理：岳父(姚明,Z) :- 妻子(姚明,叶莉), 父亲(叶莉,Z)

（5）由（3）和（4）推理：岳父(姚明,叶大) :- 妻子(姚明,叶莉), 父亲(叶莉,叶大)

（6）最终得到：岳父(姚明,叶大)

Datalog 推理运用广泛，但是由于其本身没有函数，建模能力较差，很难描述现实世界中较为复杂的问题。Datalog 相关工具包括 KAON2 和 RDFox。

Jena 是 Apache 下一个开源的 Java 语义网框架，作为一个 Java 语言的 API，Jena 可以用来支持语义网相关的运用，其提供了 RDFS 和 OWL 的一些通用的推理机制。通过 Jena 可以实现对图谱中 RDF 三元组数据的查询、修改本体和本体推理等行为。

基于一阶查询重写的方法进行推理是通过查询结合不同数据格式的数据源，然后通过重写方法关联不同的查询语言。基于一阶查询重写的方法以 Datalog 为中间语言，先将 SPARQL 语言转化为 Datalog，再将 Datalog 重写为 SQL。Ontop 作为最先进的 OBDA 系统，其兼容众多的规范标准，支持众多的数据库系统。Ontop 工具实现了知识图谱的虚拟化，Ontop 能够将 SPARQL 翻译为 SQL，执行对数据库的查询。

6.6.3 基于表示学习的推理

表示学习推理方法是将实体向量表示在低维稠密向量空间中，然后进行计算和推理。知识图谱的表示学习也是需要将图谱中的实体和关系映射到低纬稠密向量空间，然后基于向量之间的运算实现推理。TransE 算法是于 2013 年提出的一个较早的基于表示的推理模型，其主要思想是针对图谱三元组<头部实体，关系，尾部实体>对应的向量 h、r、t 进行计算，当头部实体向量 h 与关系向量 r 的向量值和尾部实体向量值 t 相近时，即认为三元组关系成立，则 TransE 算法可采用 $L1$ 范式或者 $L2$ 范式定义函数，见式 6-6-1。TransE 简单有效，但是在实际使用中也存在一定的不足，其不足主要包括对于一对多实体的存在向量空间的拥挤和误差没有考虑层级关系和对单个图谱进行有效推理等。

$$Score = -\| r + h - t \|_{L1/L2} \tag{6-6-1}$$

针对 TransE 存在的问题，众多的改进算法层出不穷。其中较为有名的是 TransH、TransR、RESCAL、DistMult 和 ComplEx。目前基于 Trans 系列实现开源工具众多，其中以清华大学 OpenKE 的知识表示学习平台运用最为广泛，整合了 TransE、TransH、TransR、TransD、RESCAL、DistMult、HolE、ComplEx 等算法的统一接口。

6.6.4 基于路径排序的推理

路径排序学习方法（Path Ranking Algorithm，PRA）是第一个基于路径的知识推理算法，用来判断两个节点之间是否存在某种特定关系 R。由于 PRA 推理算法具有较强的逻辑性，同时具有很好的正确率，所以 PRA 推理算法运用广泛。PRA 算法的目的是针对一个实体对（head 头实体，tail 尾实体）是否具有关系 R 进行判断。PRA 算法实现这个目的主要是通过以下步骤进行：

（1）特征提取。采用随机游走、广度/深度优先搜索算法生成并选择路径特征集合，针对图谱中满足特定关系 R 的三元组抽取其头尾实体组成 $\{(h_i,t_i)\}$，然后基于图谱得到所有满足 (h_i,t_i) 的可达路径（Path Pattern），将所有可达路径作为特征集合（每个可达路径作为一个一维特征）。

（2）特征计算。计算每个可达路径样例的特征。

（3）分类器训练。根据训练样例，为每个关系训练一个二分类分类器。

特征提取是在一个图谱中根据给定的一个实体对（head，tail）找到 head 能到 tail 实体的长度小于阈值的全部路径 π，由于实体和实体之间的关系复杂，一般情况下从 head 到 tail 实体具备多条路径关系 π，然后根据寻找的路径关系 π 计算其特征值，该特征值定义为随机游走的概率 $p(tail|head,\pi)$。算法中由于每个关系 R 都对应一个单独的分类器，对于给定的实体对（head，tail），通过分类器实际上的 head 和 tail 的特征集来计算这个实体对的分值，得分高的节点对表明存在 R 关系，从而推理出两个节点之间存在关系 R，见式 6-6-2。式中 $Score$ 表示两个节点对的分值，P_n 则是代表第 n 个可以到达的路径，通过前面训练具体关系 R 以及求得参数值 θ，P_n 一定程度上能够理解为关系，不同的关系往往具有不同的路径。

$$Score(e;s) = \theta_1 * P_1 + \theta_2 * P_2 + ... + \theta_n * P_n \qquad 6\text{-}6\text{-}2$$

利用 PRA 算法进行推理，以得到三元组成立的概率 $f(h,r_i,t)$ 值，其值的大小作为是否存在可能关系的依据。PRA 算法定义随机游走中每条路径的特征值 $S_{h,p(t)}$，$S_{h,p(t)}$ 表示为沿着路径 P 从 h 实体到达 t 实体的概率值。PRA 升级算法也众多，其中较为知名算法为基于关联规则挖掘的方法（AMIE）。

6.7 本章小结

本章主要介绍了知识图谱构建中涉及的基本知识，包括知识表示、知识存储、知识抽取、知识融合和知识推理。知识图谱的构建是一个需要耗费人力物力的工程，特别是对于大型知识图谱的构建，需要从本体层进行合理的设计，并且在生产过程中不断进行图谱的更新和补全。知识图谱技术体系和自然语言处理技术息息相关，众多的自然语言处理技术运用于知识图谱，当前知识图谱理论体系以信息提取、知识推理与表示、实体对齐和知识融合最为重要，也是国内众多大厂的热门研究方向。随着人工智能从感知智能向认知智能发展，知识图谱必将会受到更多工业界和学术界的重视，以知识图谱的形式进行知识的结构化表示是实现认知智能的关键。

参考文献

[1] John F. Sowa. Principles of semantic networks: Explorations in the representation of knowledge[M]. San Francisco: Margan Kaufmann, 2014.

[2] Steve Harris, Andy Seab, M Ross Quilian. Semantic Memory[C]. Unpublished Doctoral Dissertation, Carnegie Institute of Technology, 1966.

[3] Steve Harris, Andy Seaborne. SPARQL 1.1 Query Language. W3C Recommendation 21 March 2013. https:/www.w3.org/TR/sparql11-query/. (Accessed 2020).

[4] Souripriya Das, Seema Sundara, Richard Cyganiak. R2RML: RDB to RDF Mapping Language.https://www.w3.org/TR/r2rml/(Accessed 2020).

[5] Horrocks I, Patel-Schneider P F. Reducing OWL Entailment to Description Logic Satifiability[J]. J Web Sem., 2004, 1 (4): 345-357.

[6] Hitzler P, Krotzsch M, Parsia B, et al. OWL 2 Web Ontology Language: Primer. W3C Recommendation, 2009. http://www.w3.org/TR/ow12- primer/.(Accessed 2020).

[7] Wang Q, Mao Z, Wang B, et al. Knowledge graph embedding: A survey of approaches and applications[J]. IEEE Transactions on Knowledge and Data Engineering, 2017, 29(12): 2724-2743.

[8] 王昊奋，漆桂林，陈华钧. 知识图谱方法、实践与应用[M]. 北京：电子工业出版社. 2019.

[9] Neo4j. Cypher Query Language Developer Guides & Tutorials.https://neo4j.com/ developer/cypher/. (Accessed 2020).

[10] Apache Jena. SPARQL Tutorial. https://jena.apache.org/tutorials/sparql.html. (Accessed 2020).

[11] Sahoo S, Halb W, Hellmann S, et al. A survey of current approaches for mapping of relational databases to RDF[J]. W3C RDB2RDF Incubator Group Report, 2009, 1:113-130.

[12] Diego Calvanese D, Cogrel B, Komla-Ebri S, et al. Ontop: Answering SPARQL queries over relational databases[J]. Semantic Web, 2017, 8(3): 471-487.

[13] Wache H, Voegele T, Visser U, et al. Ontology-Based Integration of Information-A Survey of Existing Approaches[J]. Ijcai Workshop Ontologies & Information Sharing, 2001:108-117.

[14] Calvanese D, Giacomo G D, Lenzerini M, et al. Description Logic Framework for Information Integration[C]. Proceedings of the 6th International Conference on the Principles of Knowledge Representation and Reasoning, Trento, 1998.

[15] 刘绍毓，李弼程，郭志刚，等. 实体关系抽取研究综述[J]. 信息工程大学学报，2016，17（05）：541-547.

[16] 马良荔，孙煜飞，柳青. 语义 Web 中的本体匹配研究[J]. 计算机应用研究，2017，34（5）：1287-1292.

[17] Trisedya BD, Qi J, Zhang R. Entity alignment between knowledge graphs using attribute embeddings[C]. Proceedings of the AAAI Conference on Artificial Intelligence 2019 Jul 17 (Vol. 33, pp. 297-304).

[18] Cucerzan S. Large-scale named entity disambiguation based on Wikipedia data[C]. Proceedings of the 2007 joint conference on empirical methods in natural language processing and computational natural language learning (EMNLP-CoNLL) 2007 Jun (pp. 708-716).

[19] 赵畅，李慧颖. 面向知识库问答的实体链接方法[J]. 中文信息学报，2019，33（11）：125-133.

[20] Arthur WB. Inductive reasoning and bounded rationality[J]. The American economic review, 1994, 84(2):406-411.

[21] Clark HH. Linguistic processes in deductive reasoning[J]. Psychological review, 1969, 76(4):387.

[22] Donini F M, Lenzerini M, Nardi D, et al. Reasoning in description logics[J]. Principles of knowledge representation, 1996, 1:191-236.

[23] Warren D H D, Pereira L M, Fernando P. Prolog: The Language and its

Implementation Compared with Lisp[J]. ACM SIGPLAN Notices, 1977: 109-115.

[24] Bordes A, Usunier N, Garcia-Duran A, et al. Translating embeddings for modeling multi-relational data[J]. Advances in neural information processing systems, 2013:2787-2795.

[25] Lao N, Mitchell T, Cohen W. Random walk inference and learning in a large scale knowledge base[C]. Proceedings of the 2011 conference on empirical methods in natural language processing 2011 Jul (pp. 529-539).

[26] Luis Antonio G, Teflioudi C, Hose K, et al. AMIE: association rule mining under incomplete evidence in ontological knowledge bases[C]. Proceedings of the 22nd international conference on World Wide Web 2013 May 13 (pp. 413-422).

运用篇

人工智能技术涵盖众多的模型算法，近年来随着我国大力推动人工智能技术在各行各业的融合，人工智能赋能各行各业给各行业带来了前所未有的巨变，在人工智能发展如火如荼的今天，考虑到当前我国农业重金属污染防治工作的紧迫性，利用人工智能技术来进行农田重金属污染防治工作的智能化污染评价和污染动态跟踪等成为了新的研究热点。农业重金属污染防治是一个全方位成体系的工作，污染防治的关键首先是需要定性和定量地对污染情况进行描述，其次基于污染事实和当下潜在决定因素进行因地施策，纵观重金属防治的整个过程，运用人工智能算法是科学可行的、易于实施的，潜在收益巨大。人工智能技术和农业重金属污染防治工作的结合是智能化技术在农业领域应用的又一重大创新，对目前重金属科学防治和科学治理工作起到了极大的促进作用。运用篇着重针对重金属防治过程中的重要科学问题进行分析，并采用部分人工智能算法进行实际问题的建模。

武汉作为国家新一线城市、我国中部最发达的中心城市，具有五州通衢的地理优势。近年来随着经济的飞速发展和人口数量的增长，武汉市土壤生态系统潜在污染情况越发突出，耕地生态系统自身稳定性遭到威胁，特别是大量企业的城郊外迁、不法企业的污水排放、生活污水以及固体废物的堆积等行为给武汉市城郊区域农田系统带来了一定影响。运用篇主要基于武汉市城郊农田土壤重金属测量数据，同时结合人工智能主要且最新算法进行重金属污染物含量的预测和分类等相关工作，以探索人工智能技术于重金属残留物分析领域的最新方法。

第 7 章　基于贝叶斯优化-集成学习的重金属污染风险智能评价方法研究

7.1　研究概述

土壤安全是人类赖以生存和发展的基础，近几十年社会经济以及城镇化的加速发展，对土壤安全尤其是农用耕地安全防护提出了更多的要求。农用耕地安全防护需要严格控制农田重金属污染，让农用地重金属残留物（主要包括 As、Cd、Cr、Cu、Ni、Pb、Zn 和 Hg）保持在相关标准值以下，以促进农业高质量安全发展。目前国内外众多学者在农田重金属防治方面进行了大量的研究工作，其中主要工作内容集中在区域重金属污染分析、重金属污染物预测和重金属风险评价等方面。例如，区域重金属分析方面往往通过对区域内采样点重金属污染含量进行定性和定量分析，从而以点概面地对整个区域进行污染评价，而重金属污染浓度预测方向则重点研究如何基于已知采样点污染浓度数据对未知采样点的污染浓度进行预测。

土壤重金属污染评价是一个复杂且需要一定先验知识的工作，模仿领域专家对重金属污染情况的评价具有现实可行性。重金属污染风险评价作为重要的农田重金属污染防治方面的研究课题，特别是在重金属对于生态风险评价方面吸引了众多国内外学者。目前污染风险评价方面主要采用定性分析法进行，定性分析法往往依靠相关法规标准和学术成果进行人为定性分析与判断，这一定程度上需要分析者具有一定的知识储备。但实际中分析者掌握的分析资料往往具有局限性，同时定性中会存在一定的主观因素。因此，通过人工智能技术构造类似专家系统对输入的重金属样本数据进行智能自动化评价，一定程度上能够克服上述困难。智能评价专家系统模型如图 7-1-1 所示。本文基于现有重金属污染风险评价方法提出了基于贝叶斯优化-集成学习的重金属污染风险智能评价方法。贝叶斯优化算法作为自动机器学习（AutoML）中的超参数优化算法在目前自动机器学习领域运用广泛，同时集成学习作为性能优越的机器学习算法在众多的人工智能竞赛中被广泛使用。

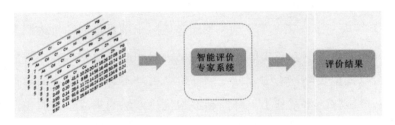

图 7-1-1　农田重金属污染评价专家系统

基于贝叶斯优化-集成学习的重金属污染风险智能评价方法通过人为评价重金属采样点风险值构造领域专家经验，同时基于贝叶斯优化的集成学习方法学习人为评价方法准则，从而构建农田污染风险智能评价专家系统。整个算法框图如图 7-1-2 所示，实验数据集为武汉市周边农田重金属实测数据，模型训练数据集的构建依赖于领域专家知识库的相关评价知识，其中各类标准作为重点评价知识来源。由于本章实验目的为验证基于贝叶斯-集成学习方法的可行性，本章实际实验中领域专家知识库采用熟悉相关重金属污染评价标准的专家依赖个人知识进行评价，获得完整训练数据集之后通过贝叶斯超参数优化下的集成学习进行专家技能学习，从而得到收敛的智能评价系统。

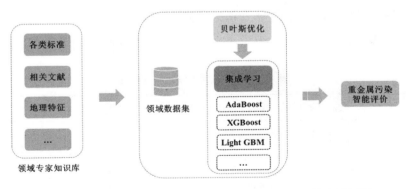

图 7-1-2　基于贝叶斯-集成学习的重金属污染风险评价方法框图

7.2　风险评价与数据特征工程

土壤污染物评价中需要结合土壤重金属浓度等信息进行分级评价，目前《土壤环境质量农用地土壤污染风险管控标准（试行）》（GB 15618－2018）（以下简称《标准》）等规定了农田、蔬菜地、茶园等地区土壤重金属污染最高允许浓度指标值及相应的监测方法。运用国家标准对已测得的武汉市周边农田重金属数据进行评价分级以模拟实际评价中领域专家评价结果是本章农田重金属数据处理中较为简化的一个步骤。本章基于贝叶斯超参数优化方法的集成学习农田污染情况智能评价方法，首先需要对测试数据进行清洗和特征相关处理，同时基于相关标准对已测点进行定性评价。

7.2.1　污染等级评价

《标准》中规定了农用地土壤污染风险筛选值和管制值，规定当重金属污染物含量值低于附录表 A-1-1 规定值和附录表 A-1-2 规定值时，说明农用地重金属污染风险低。当重金属污染物砷、镉、铬、铅和汞含量高于附录表 A-1-1 规定值而低于附录表 A-1-3 规定值时，说明可能存在一定污染风险，应该采取农艺调控、替代种植等治理手段。当农田重金属砷、镉、铬、铅和汞含量值高于《标准》中附录表 A-1-3 规定值时，则属于高风险警示，需要进行更为严格的管控措施。本章结合《标准》对污染情况进行分级，一级到三级分别对应《标准》中的风险筛选值范围和管制值范围，由于本章所采用的实测农田重金属含量数据中没有测定 pH 值，所以默认 pH 值为 7，农用地土壤污染风险值大致范围见表 7-2-1。

表 7-2-1　农用地土壤污染风险值

符级	砷（As）	镉（Cd）	铬（Cr）	铜（Cu）	镍（Ni）	铅（Pb）	锌（Zn）	汞（Hg）
一级	<30	<0.3	<200	<100	<100	<120	<250	<2.4
二级	30～120	0.3～3	200～1000	>100	>100	120～700	>250	2.4～4
三级	>120	>3	>1000	-		>700	-	>4

针对实测所得的 1161 条重金属含量数据，数据样例参考附录表 A-2-1，通过人工结合表 7-2-1 及相关资料文献中相关筛查项进行污染等级评价，得到所有农田重金属采样点污染评价指标。本章定量计算采样点评级分数的公式见式 7-2-1，式中 i 表示 i 种（$i=8$）待测重金属，每种重金属污染分值 $metal^i_{score}$ 与污染物风险等级相关，当污染等级为一级时取值为 0，二级时取值为 0.1，三级时取值为 0.3，则单个采样点得分范围为[0,1.8]。

$$Score = \sum_{i=1}^{8} metal^i_{score} \qquad 7\text{-}2\text{-}1$$

本章通过参考相关国家和地方标准进行人为打分，构造污染物评价得分指标，最终依据单个采样点得分和采样点重金属污染数据构造数据集，所得训练和测试数据集样例见表 7-2-2。

表 7-2-2　数据集样例　　　　　单位：mg/kg

序列	As	Cd	Cr	Cu	Ni	Pb	Zn	Hg	Score
1	4.13	0.04	31.85	20.28	12.47	18.53	65.34	2.37	0
2	10.85	0.44	48.32	14.31	27.96	27.07	82.57	0.11	0.1
3	82.07	0.88	87.89	38.87	28.39	13.04	57.81	0.18	0.2
4	11.46	4.69	74.12	16.33	7.20	18.67	78.11	0.09	0.3

7.2.2　数据相关处理

获得污染等级评价分数后，需要对原始数据进行相关处理以便获取更好的实验结果。本章数据相关处理主要包括数据统计信息分析、缺失值处理。本章针对缺失值的处理主要采用邻近区域均值填充，由于本章采用数据集为实测数据且数据由人工整理而成，数据集所含缺失值较少。数据统计信息分析中主要是分析数据源的分布特征，特别是获取标签信息的基本分布信息，经过对 1161 条样本数据进行得分字段统计，可得其频数，见表 7-2-3。由表 7-2-3 可知，标签主要由污染物评价为 0 分的样本构成，占比超过 80%。由标签统计信息可知其为典型不平衡数据集，如果采用随机采样方法划分训练样本和测试样本，则容易导致较少数据样本任务效果较差。为了解决不平衡的数据问题，本章采用采样法对样本进行采样，以平衡各个不同值标签信息样本量。

表 7-2-3 样本标签信息频数统计

Score	0	0.1	0.2	0.3	0.4	其他
频数	936	211	6	7	0	0
占比	80.68%	18.19%	0.52%	0.61%	0%	0%

7.3 模型构建与实验分析

农田重金属污染风险评价类似一个多分类任务，根据样本数据特征进行污染评价并进行风险等级分级，因此本章采用基于贝叶斯优化的集成学习算法进行建模，集成学习中选用常见的六类集成学习算法进行相关实验，其中包括随机森林（Random Forst）、AdaBoost、XGBoost、Light GBM、CatBoost 和 NGBoost。通过不同模型对上述数据集进行分析，得到各自模型下的 R2-score 值，从而探索基于贝叶斯优化-集成学习的重金属污染风险智能评价方法的实际运用效果。

7.3.1 基于贝叶斯优化的超参数搜索

贝叶斯优化是自动机器学习领域中关于超参数搜索的常用算法。贝叶斯优化的工程实践中采用 Hyperopt 包进行，Hyperopt 是一种通过贝叶斯优化算法来调整参数的工具，实际使用中具有速度快和优化效果好的特点。Hyperopt 通过 f_{min} 函数并结合定义搜索目标函数（f_n）、搜索空间（$space$）以及搜索算法（$algo$）等实现超参数搜索，例如实际中需要搜索函数 $y=(x-2)^2$ 在 $x \in [-2,2]$ 之间的最优 x，可以定义搜索代码如图 7-3-1 所示。

```
best = fmin(
    fn=lambda x: (x-1)**2,
    space=hp.uniform('x', -2, 2),
    algo=tpe.suggest,
    max_evals=100)
print(best)
```

图 7-3-1   Hyperopt 搜索代码示例

所得最优参数函数二维图像如图 7-3-2 所示，通过以上搜索结果得到 x 的最优解为 0.98733，这和实际最优解已经非常接近。Hyperopt 调参工具运用于集成学习算法进行超参数搜索时，首先需要对参数空间进行定义，同时为了 Hyperopt 和集成模型之间的低耦合，需要采用工厂模式设计一个分数获取器。

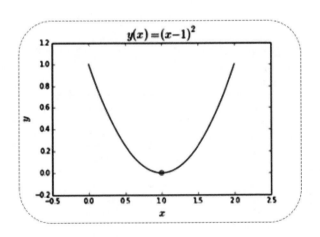

图 7-3-2 $y=(x-2)^2$ 函数图

7.3.2   集成学习

集成学习算法作为运用广泛的机器学习算法，在各类回归和分类任务中运用广泛，特别是在 Kaggle 竞赛、阿里天池竞赛和百度 AI 竞赛平台项目中广泛运用。本章基于贝叶斯-集成学习算法进行重金属污染风险智能评价方法的研究，实验目的是探索集成学习各个算法性能以及集成学习运用于重金属污染风险评价系统的可行性。集成学习算法中常用的集成思想包括 Bagging 和 Boost 两类，其中 Bagging 思想主要是随机森林算法，而 Boost 思想则以 AdaBoost 和 GBDT 为代表。GBDT 作为重要的集成学习算法包含众多高效的算法实现，其中以 XGBoost、Light GBM、CatBoost 和 NGBoost 算法最为著名，常用集成学习算法原理和实现见本书理论篇第 2 章。

基于贝叶斯-集成学习算法的重金属污染风险智能评价方法对集成学习中常用的六类算法进行对比实验，实验结果见表 7-3-1。实验中评价指标采用 R2_score。其中 R2_score（决定系数）计算表达式见式 7-3-1，式中 SSE 为残差平方和，SST 为总离差平方和，当 R^2 为 1 时表示预测值和真实值完全相同，当 R^2 为 0 时表示样本每项预测值都等于均值。

$$R^2 = 1 - \frac{SSE}{SST}$$

7-3-1

表 7-3-1　基于贝叶斯-集成学习算法的实验结果

算法	R2-score
Random Forst	0.9986
AdaBoost	0.9128
XGBoost	0.7794
Light GBM	0.9450
NGBoost	0.9999
CatBoost	0.9869

由表 7-3-1 可得最终各个集成学习算法在贝叶斯优化方法下的得分情况，通过表中数据可得：Bagging 算法的随机森林算法和 NGBoost 算法得到的最终结果较好，同时 XGBoost 算法得到的结果较差；AdaBoost、Light GBM、NGBoost 和 CatBoost 算法得到的最终结果都高于 90%。总体而言集成学习算法运用于农田重金属污染风险智能评价存在可行性，其中随机森林算法和 NGBoost 算法运用效果较好。

7.4 本章小结

农田重金属污染防治中需要对重金属污染风险进行评价，目前运用较多的评价方法往往是专家依靠相关知识进行定性评价，这种人为的评价方法可能存在主观方面的差异。因此本章讨论了基于贝叶斯优化-集成学习的重金属污染风险智能评价方法，通过机器学习相关算法学习专家知识评价方法，从而实现定性评价污染风险。本章基于贝叶斯优化方法下的集成学习方法进行方法建模，通过对比常用集成学习算法（Random Forst、AdaBoost、Light GBM、NGBoost 和 CatBoost）的实际使用效果，得出了集成学习算法运用于农田重金属污染风险智能评价存在可行性，其中随机森林算法和 NGBoost 算法运用效果较好的实验结论。基于集成学习算法的重金属污染风险评价建模体系仍然具有一定的模型改进潜力，在集成学习中引入多种其他人工智能算法理论上可以达到更好的预测效果。

参考文献

[1] 张云菲，孜比布拉·司马义，杨胜天，等. 农田土壤重金属污染特征、生态风险评价与来源分析[J]. 江苏农业科学，2020，v.48（4）：272-278.

[2] 费徐峰，任周桥，楼昭涵，等. 基于贝叶斯最大熵和辅助信息的土壤重金属含量空间预测[J]. 浙江大学学报（农业与生命科学版），2019，45（4）：452-459.

[3] Meihua D, Zhu Y, Shao K,et al. Metals source apportionment in farmland soil and the prediction of metal transfer in the soil-rice-human chain[J]. Journal of Environmental Management, 2020, 260: 110092.

[4] 张富贵，彭敏，王惠艳，等. 基于乡镇尺度的西南重金属高背景区土壤重金属生态风险评价[J]. 环境科学，2020，v.41（9）：321-333.

[5] Zhang Y D, Wu L N, Wang S H. Survey on development of expert system[J]. Computer Engineering and Applications, 2010, 46(19): 43-47.

[6]   Sigopt.com. Bayesian Optimization Primer (2018). [online] Available at: https://sigopt.com/static/pdf/SigOpt_Bayesian_Optimization_Primer.pdf [Accessed 12 Aug. 2020].

[7]   Cse.wustl.edu. Bayesian Optimization (2018). [online] Available at: https://www.cse.wustl.edu/~garnett/cse515t/spring_2015/files/lecture_notes/12. pdf [Accessed 12 Aug. 2018].

[8]   Bergstra J, Yamins D, Cox D. Making a science of model search: Hyperparameter optimization in hundreds of dimensions for vision architectures [C]. International conference on machine learning 2013 Feb 13 (pp. 115-123).

第 8 章　基于 GNNs 的农田重金属研究区采样点聚类方法研究

8.1　研究概述

农田土壤重金属污染物防治工作成为土壤保护工作的重点，特别是近年来随着我国对生态环境保护力度的加强和人们对生态优质食品的需求提高，农田重金属安全成为研究热点。随着社会经济的发展，土壤重金属污染防治工作越来越受到广泛关注，近年来越来越多的资金投入重金属防治工作，防治工作开展的前提是充分了解已有土壤重金属污染物情况。由于土壤污染一般受到农药、化肥和工厂废弃物等影响，其污染情况一般在地域上表现为一定的区域相关性，即相近的采样点得到的污染物浓度往往有着相似性。目前基于实验室测得重金属污染物浓度并进行聚类分析是对重金属污染情况进行评价的一个重要方面，一方面对同类型同污染含量的污染区域进行聚类能够方便地进行后续污染防治工作，另一方面一定程度上还能检验重金属含量数据的准确性，对于聚类结果的离群污染采样点可以进行数据清洗。采样点聚类图如图 8-1-1 所示。

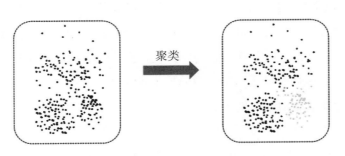

图 8-1-1　采样点聚类图

　　目前运用于重金属采样点分析方面的聚类方法主要是基于机器学习的聚类算法。聚类算法作为经典的非监督学习算法，通过对数据集中相关特征进行测算从而实现将相似性较高的样本分为一类，典型的聚类算法包括 k-Means、基于密度的聚类算法、谱聚类算法等。聚类算法由于其实现简单且工程运用效果显著而被广泛运用。典型聚类算法对于样本特征一般仅仅统计样本本身相关特征，而在农田重金属领域，由于一定区域内的采样点存在相关性，因此为了进一步提高最终聚类效果，需要综合考虑采样点自身和周围领域采样点的特征信息并综合分析后进行聚类，即不光需要考虑重金属采样点特征属性，还需要从空间角度考虑。本章基于 GNNs 聚类算法实现对研究区农田重金属采样点的聚类，首先通过原数据构造图结构网络，之后对图结构网络进行 GCNs 特征聚合，从而实现采样点自身和邻近采样点特征信息的综合，这一定程度让最终聚类效果更精确，最终通过传统聚类算法进行特征聚合，这样聚合得到的结果充分考虑了多方面特征信息（采样点属性特征和图结构空间属性特征）。聚类后的采样点作为统计信息能够方便地提供下游重金属定性或定量分析任务，并进行整体污染物浓度等方面的分析。

　　GNNs 作为图神经网络中最知名的算法，广泛运用于非监督和半监督学习任务。在半监督学习任务中运用 GNNs 网络能够实现节点分类、图结构分类和边预测等任务，在非监督学习任务中采用 GNNs 一般是为实现图结构信息的 Embedding 表示，以给众多下游任务提供支持，例如变量编码和节点表示等，本章基于 GNNs 的农田重金属研究区采样点聚类方法研究即利用 GNNs 的空间嵌入能力实现属性特征的映射。基于前人的相关研究成果，本章基于机器学习算法中聚类算法和图神经网络中的 GNNs 算法进行结合创新，提出了基于 GNNs 的农田重金属研究区采样点聚类方法，其算法结构框图如图 8-1-2 所示。图中将原始重金属含量数据中各个采样点构造图边，从而转化为图结构数据，之后通过 GNNs 算法得到各个样本的综合特征信息，最后运用典型的聚类算法即可实现聚类后结果，本章聚类算法中采用经典的 k-Means 聚类算法。

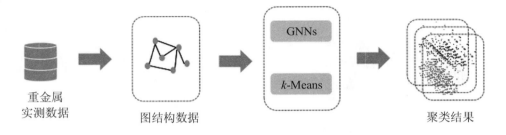

图 8-1-2　基于 GNNs 的农田重金属研究区采样点聚类方法框图

8.2　图结构数据生成

图神经网络输入数据对象为图结构数据，图结构数据不同于典型的关系型数据结构，图结构数据包括节点信息及节点之间连接信息。典型的图结构数据包含节点和边，节点是训练数据集中的单一样本，而边是样本与样本之间的连接关系，图结构数据可以定义为 $G=(V, E)$，其中 V 为节点，E 是节点 V 所包含的边。本章基于图神经网络进行重金属研究区采样点聚类算法的研究，其中关键步骤是将已测采样点重金属含量数据和采样点地理位置信息等数据转化为图结构数据，即需要将关系数据转换为 $N×N$ 的邻接矩阵（N 是图节点的个数）、$N×D$ 的特征矩阵（D 是节点特征向量的维度）和 $N×E$ 的标签矩阵（E 是类别个数）。

本章图结构数据构建主要采用武汉市周边农田重金属实测数据，数据总共包含土壤采样点 1161 个，已知采样点中重金属 As、Cd、Cr、Cu、Ni、Pb、Zn 和 Hg 的含量值。针对图结构数据定义式 $G=(V, E)$，则采样点 V 定义为农田重金属采样点，共包含 1161 个 v 节点，每个 v 节点包含 8 个特征，分别对应重金属 As、Cd、Cr、Cu、Ni、Pb、Zn 和 Hg 的含量值。图结构构建过程中的重点是需要构建采样点之间的连接边信息，本章实验中将采样点之间的距离作为构建图边的依据，如图 8-2-1 所示，采用单个节点一定范围区域内的节点作为其邻接节点纳入 GNNs 进行计算，这样一方面简化了图结构运算，同时一定距离范围内的节点往往关联性更高，这更能够综合反映自身和邻接节点信息。

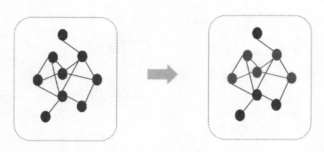

图 8-2-1　图边形成

本章所用数据共包含 1161 个采样点，每个采样点具有 8 个特征属性，实验中通过 geopy 包对各个采样点之间的实际距离进行测算，geopy 是面向 Python 语言的地理编码 Web 服务，通过 geopy 能够方便地进行地理编码和距离计算等任务。通过 geopy 包计算得到单个采样点相较于所有采样点的距离，同时选取前 10 个最近距离点作为邻域点参与 GCNs 计算。

8.3　基于 GNNs 的采样点聚类方法建模

GNNs 为图神经网络中最著名的算法，是 Kipf 在 2016 年所提出的一个基于图结构数据的算法，和 CNN 网络相似，都是对原数据特征进行提取。GNNs 网络对每个图结构节点及其周围邻接节点特征进行聚集，最终经过多层图卷积操作实现特征提取，GNNs 网络最终获取结果依然和输入节点数相同，只是最终获得的节点特征为自身和领域特征的综合特征。GNNs 主要运用于监督学习和半监督任务之中，特别是在半监督任务中数量较少的训练样本变能获得较好的分类结果。GNNs 其图卷积操作定义见式 8-3-1，式中详细变量意义见本书图神经网络章节。

$$H^{(l+1)} = \sigma(\check{D}^{-\frac{1}{2}} \check{A} \check{D}^{-\frac{1}{2}} H^{(l)} W^{(l)})$$
　　　　　8-3-1

本章提出基于图神经网络的农田重金属研究区采样点聚类方法是一个非监督任务，而式 8-3-1 的 GNNs 表达式包含参数项目 W，这是一个典型监督或半监督学习任务，而监督或半监督学习任务需要样本标签。本章非监督学习任务将式 8-3-1 中的图卷积层参数项进行去除，得到本章所用图卷积公式，见式 8-3-2。式中通过对邻接矩阵和特征矩阵进行内积运算，最终得到图卷积层结果。

$$H^{(l+1)} = \overset{\vee}{D}{}^{-\frac{1}{2}} \overset{\vee}{A} \overset{\vee}{D}{}^{-\frac{1}{2}} H^{(l)} \qquad 8\text{-}3\text{-}2$$

k-Means 算法作为聚类算法中运用广泛的机器学习算法，其在算法实现和算法效果方面具有出色的表现。k-Means 算法目的是将数据集聚集为 k 个簇 $C=C_1$，$C_2,...,C_k$。算法最小化损失函数定义为样本点至簇中心的距离最小，损失函数数学定义见式 8-3-3。实际 k-Means 算法实现过程中采用贪婪法的策略，即首先在样本数据中选择随机 k 个样本点作为簇中心并且计算各个样本点至簇中心点的距离，然后依照距离将所有样本划入对应的簇中，最后基于已有的簇重新计算簇中心值，如此往复，最终簇结构收敛时停止迭代。

$$E = \sum_{i=1}^{k} \sum_{x \in C_i} \| x - u_i \|^2 \qquad 8\text{-}3\text{-}3$$

其中

$$u_i = \frac{1}{|C_i|} \sum_{x \in C_i} x$$

8.4　实验结果

为了验证本章中基于 GNNs 的农田重金属研究区采样点聚类方法的实际可行性，本章选取部分实测数据进行了相关实验。本章通过构建 GNNs 网络并结合 k-Means 算法对武汉市周边农田重金属数据进行了聚类实验，实验中 GNNs 算法源码来源于 GitHub 平台，而 k-Means 则采用 Scikit-learn 算法中实现的算法。k-Means 算法对于最终簇类中心个数 k 需要事先给定，本章实际实验中设置簇数为 5。一般情况下，为了实验结果最终的可视化，可设置 GNNs 图神经网络的最终单个样本特征输出维度为 1 维，即将采样点自身特征和其周围邻接节点特征的多维特征聚集到一维并在二维坐标系中进行直观展示。本章最终得到 5 个簇下的聚类结果，见表 8-4-1。

表 8-4-1 聚类簇下样本统计

簇	第1类	第2类	第3类	第4类	第5类
数量	461	297	60	5	338

8.5 本章小结

本章主要介绍了图神经网络和聚类算法在农田重金属研究区采样点聚类分析方面的运用场景。农田重金属研究区采样点聚类分析作为重金属定性分析中的一个重要方面，是相关研究中需要考虑的，传统的聚类算法往往基于采样点本身特征进行，这一定程度上忽略了其周围采样点的特征属性。本章提出基于 GNNs 的农田重金属研究区采样点聚类方法，主要介绍了原始重金属数据到图结构数据的转换，以及 GNNs 和聚类算法中的 k-Means 算法。同时本章基于相关实测数据集对基于 GNNs 的农田重金属研究区域采样点聚类方法进行了验证，实验结果表明该方法在实际中存在一定运用价值。

参考文献

[1] 汪庆，张亚薇. 农田土壤重金属污染风险管控研究[J]. 农学学报，2020（9）：25-28.

[2] 薛鲁燕，张海峰，蔡葵，等. 论农田土壤重金属污染的危害及修复技术[J]. 农业与技术，2020，40（13）：41-42.

[3] 余丹. 吉林黑土区耕地土壤重金属元素转化富集效率及其对耕地利用的制约[D]. 长春：吉林大学，2019.

[4] Wang Y, Zhang X, Wang R. Soil Pollution Survey and Management in Taiwan of China[J]. Soils, 2018: 15-19.

[5] Xu R, Wunsch D I. Survey of clustering algorithms[J]. IEEE Transactions on neural networks, 2005, 16(3): 645-678.

[6] 孟娜，梁吉业，庞天杰. 一种基于抽样的谱聚类集成算法[J]. 南京大学学报：自然科学，2016，52（6）：136-142.

[7] Liu Y, Zhang C. Application of Dueling DQN and DECGA for Parameter Estimation in Variogram Models[J]. IEEE Access, 2020, 8:38112-38122.

[8] Kipf TN, Welling M. Semi-supervised classification with graph convolutional networks [DB/OL]. arXiv preprint arXiv: 1609.02907. 2016 Sep 9.

[9] Wu Z, Pan S, Chen F, et al. A comprehensive survey on graph neural networks[J]. IEEE Transactions on Neural Networks and Learning Systems, 2020, 32(1): 4-24.

[10] Battaglia PW, Hamrick JB, Bapst V, et al. Relational inductive biases, deep learning, and graph networks [DB/OL]. arXiv preprint arXiv:1806.01261. 2018 Jun 4.

[11] Qiu-Ye, Yu, Leon, et al. GeoPyTool: A cross-platform software solution for common geological calculations and plots[J]. Geoscience Frontiers, 2019, 10(4): 1437-1447.

[12] LeCun Y, Bottou L, Bengio Y, et al. Gradient-based learning applied to document recognition[J]. Proceedings of the IEEE, 1998, 86(11): 2278-2324.

[13] Jain AK. Data clustering: 50 years beyond K-means[J]. Pattern recognition letters, 2010, 31(8): 651-666.

[14] Swami A, Jain R. Scikit-learn: Machine Learning in Python[J]. Journal of Machine Learning Research, 2013, 12(10): 2825-2830.

第 9 章　基于深度强化学习的变异函数模型参数估算研究

9.1　研究概述

农田重金属定性定量相关分析中运用变异函数的场景众多，变异函数是地统计学中解释空间数据相关性的重要工具，目前常用的空间插值方法（如 Kriging 法等）都需要进行空间变量的变异函数值计算。而理论变异函数模型精确反映实际地理环境中采样点的空间特征，是提高空间评价精度和可靠性的关键。目前国内外的众多学者针对理论变异函数套合模型参数估计方面进行了多方面的研究，其中以加权回归多项式、规划法、目标规划法、最小二乘法等为主。2011 年杨勇针对在多尺度套合模型参数估计方面研究较少的现状，提出了套合模型的统一叠加表达方式，然后运用遗传算法进行参数估算。2014 年滕召良等通过对加权线性规划拟合的权进行改善，提出了兼顾滞后距和数据对数目对权的影响的计算方法，同年潘家宝等将熵权理论引入到变异函数理论模型的参数估计中，对加权多项式回归的加权方法进行了改进。2015 年孙菊芳将具有全局收敛性能的遗传算法和粒子群算法结合于 EM 算法框架，运用于变异函数混合高斯模型的参数估计。2017 年赵英文等使用非线性加权总体最小二乘法估计法对变异函数模型参数进行估计。

实际研究中，样本点空间分布的复杂性往往决定了用理论变异函数模型描述空间相异性的困难，这需要根据实际情况采用单一理论变异函数模型或套合模型对实验变异函数进行拟合。由于套合模型结构和计算的复杂，目前前人的相关研究大多集中在对单一变异函数模型参数的估计方面，同时在实际实验过程中，相关研究发现理论变异函数拟合效果仍有进一步提升的可能。近年来随着人工智能的兴起，遗传算法和深度强化学习技术在众多领域运用频繁，本文在前人的相关研究基础之上提出了基于深度强化学习（DQN）和改进遗传算法（DECGA）的变异函数套合模型参数估计方法（DQNGA），其中遗传算法（GA）是典型的寻优算法，能够在全局中对最优解进行搜索，但是典型的遗传算法往往存在收敛早熟和全局收敛慢的问题。基于此，本文引入双精英协同遗传算法（DECGA），同时结合深度强化学习（DQN）对遗传算法部分参数进行自主学习和自动生成，通过单一和套合理论变异函数实验，证明本模型相较于传统模型在精度等方面具有一定优势。

近年来随着人工智能技术的不断突破，以及遗传算法中交叉和变异概率等参数自动进化方面的需求的提出，本文引入了深度强化学习中根据环境状态自动学习调整策略并输出动作的相关算法。DQN 作为强化学习中的著名算法，是Deepmind 公司于 2013 年提出的，随后又在 2016 年提出了其改进型，通过 DQN对遗传算法交叉和变异概率值等参数进行主动学习，能够进一步促进算法的适应性，提高其全局寻优能力且无须相关先验知识就能对超参数进行设置。基于改进遗传算法和深度强化学习技术，本文提出了新的理论变异函数模型参数估计算法，其结构框图如图 9-1-1 所示，首先根据模型数学表达式确定需要的待估参数，同时对待估参数取值范围进行划定，从而生成各参数对应的二进制编码，进而生成每个生物样本染色体，之后将生物群体划分为两个子群体和一个高适应度的精英群体，通过精英群体提取两个精英个体，这两个精英个体分别与两个子群体进行交叉和变异操作，最终结合两个群体的子代生成下一代种群，最后评价新种群的适应度，同时对精英种群进行更新。整个计算过程中每一代中都引入深度强化学习，对变异和交叉概率进行自动学习更新。

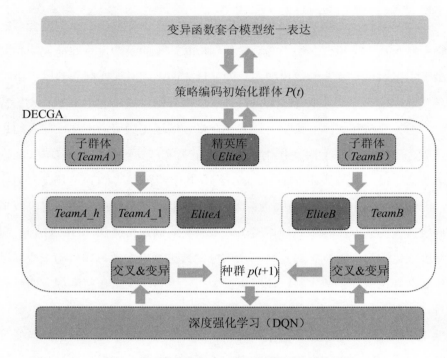

图 9-1-1　基于 DECGA 和 DQN 模型的结构框图

9.2　变异函数

　　变异函数在地统计学中定量反映空间样本点之间的空间关系，空间采样点某个特征值往往在地理空间上表现出一定的相关性，即距离相距越近的点可以认为其越相似。变异函数分为两类，一类是体现实际样本点特征的实验变异函数，另一类是需要运用相关模型拟合实验变异函数的理论变异函数。地统计学中的实验变异函数可以用区域变量 $z(x)$ 描述，其计算公式见式 9-2-1，式中 h_i 是滞后距离，$z(x_i)$ 为区域内采样点的值，$N(h_i)$ 表示滞后距离为 h_i 时样本对数，若以滞后距离 h_i 为横坐标，变异函数 $\gamma^*(h_i)$ 为纵坐标，可以在二维坐标系中表示区域化变量 $Z(x)$ 某一方向上的变差图，根据变差图可以确定理论变异函数大致模型。

$$\gamma^*(h_i) = \sum_{i=1}^{N(h)} [z(x_i) - z(x_i + h_i)]^2 / 2N(h_i) \qquad 9\text{-}2\text{-}1$$

地统计学中实验变异函数值是离散点的非均匀点，实际使用过程中需要用特定的函数式在一定尺度内进行拟合来描述这些离散点，常用的理论变异函数有高斯模型、球状模型和指数模型。在多尺度的地理空间中，单一模型在某些情况下可能不能很好地描述地理属性的空间变异规律，此时需要更复杂的函数来进行表达，通常的做法是针对多个单一的模型进行套合，如式 9-2-2 中两个球状模型的套合，式中 c_0 代表块金值，h 作为滞后距离，c_1 和 c_2 分别是短程变异和远程变异的基台值，a_1 和 a_2 分别是短程变异和远程变异的变程值。

$$\gamma(h) = \begin{cases} c_0, h = 0 \\ c_0 + c_1 \left[\dfrac{3}{4} \dfrac{h}{a_1} - \dfrac{1}{2} \left(\dfrac{h}{a_1} \right)^2 \right] + c_2 \left[\dfrac{3}{2} \dfrac{h}{a_2} - \dfrac{1}{2} \left(\dfrac{h}{a_2} \right)^3 \right], 0 < h \leqslant a_1 \\ c_0 c_1 + c_2 \left[\dfrac{3}{2} \dfrac{h}{a_2} - \dfrac{1}{2} \left(\dfrac{h}{a_2} \right)^3 \right], a_1 < h \leqslant a_2 \\ c_0 + c_1 + c_2, h > a_2 \end{cases}$$

9-2-2

实际计算过程中，为了计算建模的方便，根据变异函数套合模型的相关函数表达式，可以将套合模型表达成统一的形式。经过前面部分学者的研究可以将套合模型表达为若干单一模型相加，如式 9-2-3 所示，单一的模型就转变成块金模型和一个代表空间相关函数 $r_i(h)$ 的套合，式中 $a_0=0$，$a_i>a_i-1$，h 表示滞后距离，$f(h, a)$ 函数则取决于实际计算理论变异函数中所选的套合模型类型。

$$\gamma^*(h) = \gamma_0(h) + \gamma_1(h) + \cdots + \gamma_n(h)$$
$$= \sum_{i=0}^{n} \gamma_i(h) = \sum_{i=0}^{n} c_i f_i(h, a_i)$$

9-2-3

9.3 基于深度强化学习的变异函数模型参数估算研究

基于现有理论变异函数模型参数估计方法，本文提出了一种深度强化学习（DQN）和改进遗传算法（DECGA）的参数估计方法。遗传算法模拟自然界生物优胜劣汰的进化准则，在全局范围内对最优解进行搜索，每个解视为一个生物个体，每个个体运算过程中被编码为一条染色体，通过染色体之间的交叉和变异，最终将适应度优的解进行解码得到最终模型的最优解。但是一般遗传算法容易产生早熟和收敛慢的问题，基于此本文对传统遗传算法进行了改进，引入了双精英和协同进化思想，这能够显著解决上述早熟和收敛慢的问题。双精英协同进化遗传算法通过双子群体与双精英个体分别进行交叉和变异操作，从而提高了算法适应性，但是实际实验过程中遗传算法自身的参数仍然需要依靠先验知识进行设置，比如染色体交叉和变异概率值的设定，而超参数的设定好坏很大程度上可以决定模型最终得到的理论变异函数效果。

9.3.1　DECGA 遗传算法

（1）编码策略及初始群体产生。理论变异函数单一模型数学表达式较为简单，DECGA 编码方法以两个球状模型的套合模型为例进行算法说明。理论变异函数套合模型统一表达式见式 9-2-3，式中待求解参数为 a_i 和 c_i，根据所选取的套合模型中的单一模型数量，可以确定待求解参数的数量，以两个球状模型套合为例，其待求解参数共 5 个，分别是 c_0, c_1, c_2, a_1 和 a_2。每个待求解参数经过二进制编码后将组合为一个染色体，其中待求解参数染色体编码长度与解码方式见式 9-3-1，式中 $U\min_i$、$U\min_i$ 和 Q_i 分别表示每个待估计参数的取值范围和取值精度，L_i 表示待估计参数的染色体长度，假设待估计参数个数为 m 个，则每条染色体长度由这 m 个参数的二进制编码链接而成，进行遗传操作之前通过计算机随机产生 N 组染色体构成一个种群，$ceil$ 表示取整操作，b_k 表示染色体中每个位置的二进制取值。

$$L_i = ceil(\log_2((U\max_i - U\min_i)/Q_i))$$

$$m_i = U\min_i + (\sum_{k=1}^{L_i} b_k \times 2^{k-1}) \times \frac{U\max_i - U\min_i}{2^{L_i} - 1}$$

9-3-1

（2）个体适应度评价函数。个体适应度评价函数是定量评价理论变异函数对实验变异函数的拟合效果，将理论变异函数和实验变异函数差值的平方作为本章所提模型的个体适应度评价函数，个体适应度函数表达式见式 9-3-2。根据个体适应度函数计算初始群体个体适应度，并取前 m 个适应度高的个体组成精英库（Elite），每一代中的两个精英个体都来自精英库，精英个体 A（EliteA）选取精英库中最高适应度的个体，精英个体 B（*EliteB*）按照轮盘赌法从精英库中选择与精英个体 A 相异的个体。

$$Fit(i) = [\gamma^*(h_i) - \gamma(h_i)]^2 \qquad 9\text{-}3\text{-}2$$

DECGA 遗传算法充分考虑到种群多样性，种群多样性能够决定最终解的最优性，常规的遗传算法个体适应度评价函数只是从单方面考虑了目标函数本身，算法实际计算过程中常规的适应度评价函数容易使得算法的多样性急剧下降，从而导致算法早熟收敛，得不到全局最优解。针对上述问题本章同时引入第二个个体适应度评价函数，见式 9-3-3，式中在第一种适应度的基础上加入差异度 $D(i,j)$，差异度计算表达式中 a_{li} 和 a_{lj} 分别表示染色体中位于第 i 和第 j 位置的值，当两个值相同时取值为 1，相异时取值为 0。

$$Fit(i) = D(i, j) \times Fit(i) \qquad 9\text{-}3\text{-}3$$

其中
$$D(i, j) = \frac{1}{L} \sum_{l=1}^{L} (a_{li} - a_{lj}), i, j = 1, 2, ..., n$$

$$a_{li} - a_{lj} = \begin{cases} 0, a_{li} = a_{lj} \\ 1, a_{li} \neq a_{lj} \end{cases}$$

（3）DECGA 遗传策略。DECGA 遗传算法从初始化群体中分别产生两个子群体（*TeamA* 和 *TeamB*），两个子群体分别同精英个体 *EliteA* 和 *EliteB* 产生交叉变异操作。其中 *TeamA* 和 *EliteA* 精英个体产生交叉进化是为了提高整个种群的进化收敛速度，得到 *TeamA* 子群体后采用第一种适应度评价函数，从原始种群中选择 $N/2$ 个优秀个体，同时根据这 $N/2$ 个优秀个体按照其平均适应度值，将其划分为两个群体 *TeamA_h* 和 *TeamA_l*，其中 *TeamA_h* 个体适应度大于 *TeamA* 平均适应度值，*TeamA_l* 则相反。*TeamA_l* 与 *EliteA* 的交叉采用单点交叉操作，由于 *TeamA_h* 是较为优秀的个体，一定程度上需要保存其优秀个体基因，所以 *TeamA_h* 按照其个体差异度分为两种交叉策略，当个体差异度大于平均差异度时采用翻转交叉算法，当个体差异度小于平均差异度时采用普通的单点交叉算法。而 *TeamB* 和 *EliteB* 精英个体产生进化交叉的目的则是保证在整个进化过程中种群的多样性，*TeamB* 子群体中成员个数为 $N/2$，其一半成员来自初始群体中具有较高第二种适应度评价函数值的个体，另外一半成员则通过随机生成的方式进行初始化。

9.3.2 基于 DQN 的 DECGA 超参数进化策略

DECGA 遗传算法中每次迭代需要对遗传交叉和变异概率进行赋值，传统的不变赋值法一定程度上让整个算法的全局寻优效果大打折扣，同时在进化的不同阶段往往也需要不同的概率值，在进化的初期需要较大的交叉概率，从而加快模型收敛，在进化后期，需要加大变异概率，避免种群过于相似造成早熟。所以借助深度强化学习的自适应能力寻找最优的变异和交叉概率，一定程度上能够缓解传统遗传算法的收敛早熟和全局收敛慢，同时特别是在地统计学领域，由于区域的空间分割、空间碎片性等多方面的影响，变异函数的运用往往需要较好的拟合效果才能最精确地反映空间特征变异性。

DQN 模型构建需要三个要素，即状态、动作和奖赏值。状态的定义需要能够反映每次 DECG 迭代过程的情况，本章所提模型对状态定义分为三个部分，分别是遗传代数、种群多样性和相对适应度，遗传代数分为 4 个区间，分别为 $[0,G/4)$，$[G/4,G/2)$，$[G/2,3G/4)$，$[3G/4,1]$。种群多样性依据公式 9-3-3 进行计算，区间划分为四个，从 0 到 1 等值划分。相对适应度体现最终算法得到的理论变异函数和实验变异函数的差值，其值划分为从 0 到 1 的四个等值区间，DQN 对 DECGA 遗传算法的控制体现在能够根据每次迭代的状态自动调整 *TeamA* 和 *EliteA*、*TeamB* 和 *EliteB* 的交叉变异概率，所以 DQN 动作值变量设置为 4 个，分别对应各自子群体的交叉和变异概率取值，奖赏值设定为和目标函数相关的适应度函数值。

9.4 实验结果

为了验证本章提出的理论变异函数模型参数估计方法的可行性，本章进行了相关的仿真实验，实验环境基于 Google 的 Colab（GPU: Tesla T4）进行。变异函数多模型参数估计实验以公共数据集宁夏银川市市区表层土壤重金属含量为实验对象，数据集来源于《全球变化数据学报》，数据集包括土壤样品中 6 种常见的重金属含量，土壤采样点总共 96 个。同时本章还以 2019 年最新测定的湖北省武汉市黄陂区农田重金属数据为实验数据进行了 DQNGA 模型有效性验证实验，如图 9-4-1 所示，其中实验数据采样点总数为 362 个。

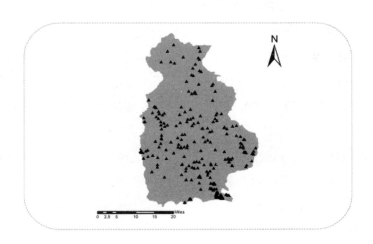

图 9-4-1 黄陂区土壤样品采集空间分布图

本章以数据集中重金属 Pb 和 Ti 为计算对象，分别进行变异函数理论单一模型和套合模型的参数估计。其中单一模型采用高斯模型，套合模型选择高斯模型和球状模型拟合，各自参数估值范围见表 9-4-1，其中待估计参数精度的取值均为 0.01。

表 9-4-1 理论变异函数模型参数取值范围表

id	待估参数	取值范围	id	待估参数	取值范围
1	c_0	3～7	0	c_0	0～10
1	$c_{0+}c_1$	9～13	0	$c_{0+}c_1$	70～90
1	$c_{0+}c_{1+}c_2$	14～17	0	a_0	30000～60000
1	a_0	10000～17000			
1	a_1	25000～40000			

注 id 为 0 表单一模型，1 表套合模型。

9.4.1　变异函数单一模型参数估计

选取数据集中重金属 Pb 含量进行单一模型实验,同时将原数据经纬网坐标通过 ArcGIS 软件转换为平面坐标,之后采用专业的地理 GS+软件进行自动化经验半方差散点图计算。通过人为观察散点图分布特征,决定采用高斯模型对实验变异函数进行拟合,本章所提模型 DQNGA 中遗传算法初始参数设置如下:种群大小为 200,最大迭代代数为 500,根据表 9-4-1 参数估计范围确定染色体长度,初始化整个种群。

为了验证本模型的有效性,实验引入其他模型作为本章所提方法的对比模型,一种方法是采用 GS+自带的拟合参数方法进行高斯模型参数计算,另一种是采用纯遗传算法(GA)进行高斯模型参数计算,所得最佳参数值和拟合效果图分别见表 9-4-2 和图 9-4-2。

表 9-4-2　金属 Pb 高斯模型估值参数

模型	c_0	c_0+c_1	a_0	*RSS*
GS+	0.01	23.8	4399.4091	385.563
GA	5.0	23.240705	4080.048829	289.950
DQNGA	8.180039	24.5200548	4451.743343	282.428

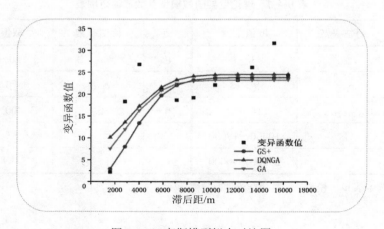

图 9-4-2　高斯模型拟合对比图

对比结果中残差平方和（RSS）和最终曲线拟合效果图，可以发现 GS+软件自动拟合的理论变异函数曲线得到的 RSS 值相对较高。本章所提模型和 GA 模型得到的 RSS 值相对较小，这说明 GA 模型和本章所提模型在变异函数单一模型拟合中存在一定的优势，能够搜索到全局最优解，同时本章所提模型在 RSS 上相比 GA 具有更小的值，从拟合曲线图中，也可以看出本章所提方法对实验变异函数点的拟合具有较好的效果，能够更贴合离散点变化趋势。

9.4.2 变异函数套合模型参数估计

许多情况下，需要用复杂的理论变异函数套合模型对空间多尺度下的变异规律进行表达，通常采用多个简单的理论变异函数模型进行套合。本章采用一个高斯模型和球状模型对数据集中重金属 Ti 的实验变异函数进行拟合，实验中理论变异函数参数取值范围见表 9-4-1。由于 GS+软件没有实现套合模型方法，本章利用 GS+软件采用高斯模型进行自动拟合，同时采用普通遗传算法和本章所提模型进行对比实验，遗传代数均设置为 500 代，实验最终结果拟合效果图如图 9-4-3 所示。

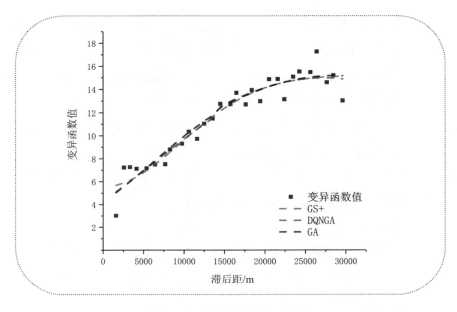

图 9-4-3 套合模型拟合对比图

最终参数值见表 9-4-3。

表 9-4-3　金属 Ti 套合模型估值参数

模型	c_0	c_0+c_1	$c_0+c_1+c_2$	a_0	a_1	RSS
GS+	5.55	15.22	-	13510	-	28.045
GA	4.25	6.25	15.188	10438.9427	28500.9	26.818
DQNGA	4.32	6.22	14.99333	13749.1392	27220.6	25.317

对比 GS+软件的单一高斯模型同时根据表 9-4-3 实验结果数据，可以发现套合模型得到的理论变异函数的 RSS 更低，套合模型在复杂的空间多尺度条件下具有一定优势。本章所提的 DQNGA 参数估计算法相比 GA 算法，在相同的迭代代数下拟合精度提升了大约 5.5%。本章所提的模型能够较好地获得更优值，相比 GA 算法而言，一定程度上缓解了 GA 算法的收敛慢和早熟。

9.5　本章小结

本章基于变异函数拟合模型参数估计方法提出了基于深度强化学习（DQN）和改进遗传算法（DECGA）的 DQNGA 模型，通过在遗传算法中引入深度强化学习自动地针对遗传算法中待估计参数进行学习，能够提高整个算法的全局寻优能力。地统计学中变异函数运用广泛，本章针对理论变异函数单个模型和套合模型分别进行了相关实验，发现套合模型相比单一模型具有一定的优势，但套合模型一定程度上增加了整个算法的复杂性。本章采用 GA 算法和 GS+软件作为对比方法进行了相关实验，实验结果证明了本章所提方法能够得到更小的 RSS 值，针对理论变异函数相关模型参数估计具有更好的效果。同时，本章最后实验从 DQNGA 算法迭代过程中 RSS 值的变化趋势，以及 DQN 算法针对不同迭代阶段的不同交叉变异概率值方面进行了相关分析，验证了 DQNGA 算法的有效性。在以后的研究中，可以借助相关人工智能技术对变异函数参数估计从算法复杂性和结果精度两方面进行进一步研究。

参考文献

[1] Hoffimann J, Zadrozny B. Efficient variography with partition variograms[J]. Computers & Geosciences, 2019,131:52-59.

[2] 杨勇，李卫东，贺立源. 土壤属性空间预测中变异函数套合模型的表达与参数估计[J]. 农业工程学报，2011（6）：95-99.

[3] 滕召良，吕文生，杨鹏，等. 基于加权线性规划法的变异函数球状模型自动拟合研究[J]. 西部探矿工程，2014，26（9）：73-76.

[4] 潘家宝，戴吾蛟，章浙涛，等. 变异函数模型参数估计的信息熵加权回归法[J]. 大地测量与地球动力学，2014，34（3）：125-128.

[5] 孙菊芳. 一类混合高斯模型参数的优化估计[D]. 成都：西南石油大学，2015.

[6] 赵英文，王乐洋，陈晓勇，等. 变异函数模型参数的非线性加权总体最小二乘法[J]. 测绘科学，2017，42（1）：20-24.

[7] Mnih V, Kavukcuoglu K, Silver D, et al. Playing atari with deep reinforcement learning [DB/OL]. arXiv preprint arXiv: 1312.5602. 2013 Dec 19.

[8] Volodymyr M, Kavukcuoglu K, Silver D, et al. Human-level control through deep reinforcement learning[J]. nature, 2015,518(7540):529-533.

[9] 刘芳，马玉磊，周慧娟. 基于种群多样性的自适应遗传算法优化仿真[J]. 计算机仿真，2017（4）：250-255.

[10] 刘全，王晓燕，傅启明，等. 双精英协同进化遗传算法[J]. 软件学报，2012，23（4）：765-775.

[11] 张岩，张华，初佃辉，等. 一种改进的双精英协同进化遗传算法[J]. 计算机工程与应用，2017，53（16）：161-165.

[12] 周丹，耿焕同，贾婷婷，等. 一种基于双精英种群的协同进化算法研究[J]. 计算机应用与软件，2015，32（2）：244-248.

[13] 王晓燕. 基于强化学习的改进遗传算法研究[D]. 苏州：苏州大学，2011.

[14] 张明鑫，李浩. 宁夏银川市市区表层土壤重金属元素数据集[J]. 全球变化数据学报（中英文），2018，6（2）：80-86，203-209.

第 10 章　基于知识图谱的农田重金属知识问答

10.1　背景与意义

我国是一个农业大国，"三农"问题历年受到人们广泛的关注，而诸多农业问题中农业信息化的发展伴随着近年人工智能和大数据技术的兴起逐渐成为了研究热点，运用人工智能相关技术于农业领域，促使农业信息化水平更高更智能是未来农业信息化发展的方向。近年来国外农业信息化发展迅速，比如 Yubin Yang 利用现有的农业数据，采用多空间尺度方法分析作物种植情况和分布图来指导作物种植，Georg Steinberger 介绍了德国在精准农业方面的应用，特别是传感器运用于农业方面来提高农业效率。我国近年来也积极发展农业信息化，比如杨国才对重庆农业农村信息化云服务平台集成技术进行了研究，对信息平台构建过程中的体系结构、信息标准和知识库等进行了设计。综合众多国内外农业信息化项目，我们可以看出农业领域依托信息化技术，尤其是人工智能和大数据技术来指导农业生产经营活动是未来农业发展的大势所趋。

农业信息化的核心是数据，实际生产实践过程中需要农业数据系统之间能够高效复用，同时需要更好的数据结构表现形式方便分析建模，而以农业数据构建知识图谱能很好地满足下游各类任务对数据的需求。知识图谱以知识为基本元素，通过存储知识中本体和关系的三元组来直观、定量、简单和客观地展现知识。当前知识图谱技术已经成功运用于众多的领域，比如在通用知识的搜索领域，众多的互联网搜索引擎都基于各种知识载体构建了各自的面向不同语言和用户的知识图谱项目。通过在农业信息化服务中引入知识图谱技术，并给搭建的知识图谱构建一个多尺度查询和快速展示的农业系统已经有相关学者进行研究。农业信息系统中引入知识图谱技术最明显的优势是能够一定程度上解决目前众多农业知识库之间关联性不强的问题，同时图结构数据一定程度上能够更加直观地展现各自相关性。目前基于农田重金属这个细分垂直领域的知识图谱项目依然为空白，这说明构建农田重金属知识图谱一方面存在较新的实用价值，同时构建农田重金属知识图谱作为子领域的图谱项目将来完全能够融入更大的农业类知识图谱项目中，为更多更大的图谱项目贡献细分领域的知识。

自谷歌公司提出知识图谱概念以来，各大公司和科研单位积极推出了自己的大型知识图谱，其中包括金融、医疗、情报和学术等众多领域。比如中国中医科学院发布的中医医案知识图谱。本章以项目中实测农田重金属得到的各类数据和各类网络资源为数据基础，构建农业重金属知识图谱，为实现农田重金属科学智能防治提供知识库的支撑。本章通过武汉市相应区域实测农田重金属污染数据及众多的网络资源，构建面向农田重金属污染细分领域的知识图谱项目。知识问答（Question Answering，QA）是通过自动化形式从知识库构建问题知识，随着自然语言和认知智能相关技术的发展，知识问答在工业界已经取得了非常广泛的应用。知识问答一般归纳为四个要素——问题、答案、智能体和知识库，四个要素简要关联如图 10-1-1 所示。知识问答系统自 20 世纪六七十年代成为众多专家学者的研究热点，从最早期的问答系统 NLIDB 开始，随着人工智能的兴起逐渐出现了 IRQA、KBQA、FAQ-QA 和 Hybrid QA Framework，未来随着认知智能的发展知识问答结合知识图谱势必更加紧密。

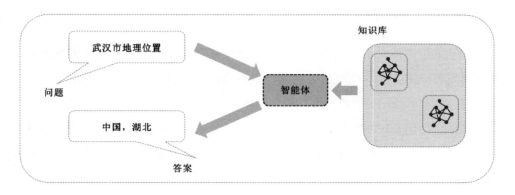

图 10-1-1　问答系统四大要素

10.2 知识图谱构建

知识图谱构建主要分为两种方式，一种是自顶向下的构建，另外一种是自底而上的构建。在自顶向下的构建过程中，首先确定图谱中的本体，而自底而上的构建方式则从实体层开始，通过对实体层归纳总结从而提取模式信息，最终加入知识图谱中。实际构建过程中一般项目初期采用自顶向下的方式，而后采用自底而上的构建方式来进行完善和扩充。本章知识图谱构建过程如图 10-2-1 所示，数据来源主要基于各类农田重金属相关文献和实测过程中获得的重金属数据，针对收集到的数据，需要对数据进行清洗以确保数据真实可靠、便于后续操作处理，同时本章本体层逻辑设计采用 Protege 软件完成。

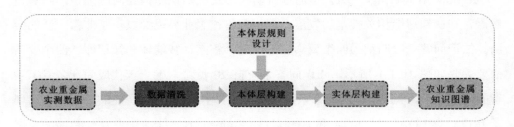

图 10-2-1　农业重金属知识图谱构建流程图

10.2.1　数据处理

本章知识图谱采用武汉市周边实测重金属数据作为构建知识图谱的数据源，数据采集和检测方法均依照相关标准执行以确保重金属含量数据的准确性。最终数据集总共包含 1161 个采样点，每个样本数据包含采样点的地理位置信息和重金属具体含量信息，每个样本详细数据字段信息见表 10-2-1，数据字段中的乡镇名、村名和作物类型由于采样时并未完全记录导致很多数据缺失，其中作物类型记录值较为分散，这主要是由于采样时对作物认识不全，或者很多农田土地往往存在多种作物间作的情况，样本数据集中海拔字段数据也由于莫名原因缺失两个样本。

表 10-2-1　重金属获得数据字段

序列	字段	序列	字段
1	区县名	8	As
2	乡镇名	9	Cu
3	村名	10	Cr
4	经度	11	Cu
5	纬度	12	Ni
6	海拔	13	Pb
7	作物类型	14	Zn
		15	Hg

本章为了知识图谱构建的成功首先需要对数据进行清洗和处理。由于本章所取数据为实验室测得，整个数据集不存在数据格式不统一等的问题，整体数据噪声较小。但是对于部分字段存在数据缺失，本文对于乡镇名和村名的缺失情况采用合并区县名、乡镇名和村名为行政位置字段，对于作物类型中缺失的数据直接赋值为"未知作物"。对于缺失海拔字段的样本给其赋值为最小行政区域海拔均值。

10.2.2　本体层设计

本体（ontology）是描述客观世界的抽象模型，以形式化方式对概念及其之间的联系给出明确的定义，本体是一个数据模型，用以约束知识图谱数据的组织方式。本体通过定义哪些名字概念可以作为实体节点以及实体节点之间的关系来对无序的数据进行组织，其中实体可以理解为类，而实体节点即实体的一个具体对象。本体层设计可以分为两个部分，首先需要归纳领域概念，之后定义领域关系机器约束。本体的构建往往需要对业务和需求进行细致梳理，因为好的本体模型设计对于整个图谱的构建能够事半功倍，本体的设计可以充分借鉴已有本体库数据和大型知识图谱设计经验。本章构建农田重金属知识图谱的过程中对于本体层设计主要借鉴知名图谱 UMLS 的本体层设计，UMLS 是美国国立医学图书馆持续开发了 20 多年的巨型医学术语系统。

Protege 软件是斯坦福大学基于 Java 开发的一款本体开发工具，知识图谱构建中可以根据 Protege 软件进行语义网中本体的构建，本体的构建是整个知识图谱/语义网中的核心步骤。Protege 软件作为经典的语义网本体构建工具，其生成 owl 文件可以导入 Neo4j 这类数据库中，从而实现知识图谱的本体构建和数据关联存储。Protege 软件页面图如图 10-2-2 所示，Protege 软件通过图形化的界面来对类以及类的属性和关系进行建模。其中 Enitities 选项卡下的 Classes 选项卡主要用于创建类，Objectproperties 则可以创建实体之间的关系，比如新建"属于"这个关系，其 Domains 选择"人物"，Ranges 选择"武器"。Dataproperties 被用于创建实体属性，例如对于"关羽子云长"可创建"字"的 Dataproperties，其 Domains 选择"人物"，Ranges 设置为 xsd:string。Individualsbyclass 选项卡则被用于创建本体的实例，比如创建"人物"的实例"关羽"。

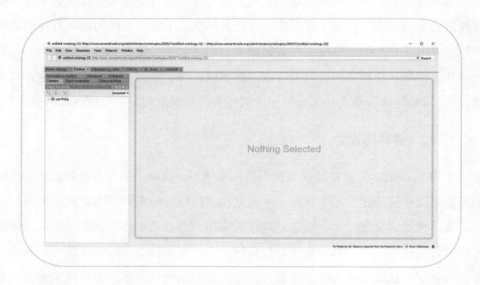

图 10-2-2　Protege 软件界面图

通过 Protege 设计本体，首先通过软件新建本体资源的 IRI 值，由于本章对农田重金属进行知识图谱的构建，我们设置 IRI 值为 http://www.localhost.com/2020/1/heavy_mental。构建 IRI 后需要对本体进行构建，基于业务需求归纳领域概念及其相互约束，得到本章知识图谱的 is-a 层次结构（Schema），如图 10-2-3 所示。

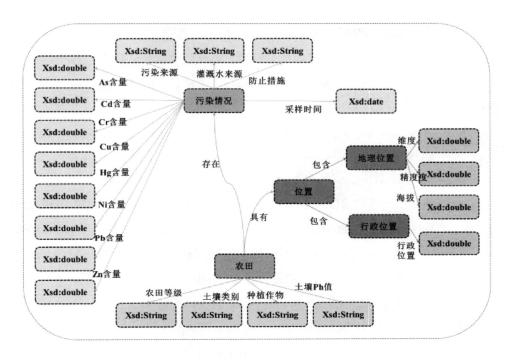

图 10-2-3　知识图谱的 is-a 层次结构（Schema）

10.2.3　实体构建与存储

知识图谱中对于 RDF 数据的存储和高效 SPARQL 查询是一个核心问题，目前大体分为两种解决思路：一种是基于传统关系型数据库进行知识图谱数据的存储，将 SPARQL 查询语句转换为关系数据库查询语言，但是这种方式往往性能开销较大；第二种解决思路是直接面向 RDF 数据进行存储，从数据库底层实现对于知识图谱数据的存储和 SPARQL 查询语句的支持，目前成熟的解决方案主要有：Jena、gStore 和 Ontop 等。

（1）D2RQ+Jena 实现数据生成和存储。D2RQ 是一种能够将关系型数据库作为虚拟的、只读的 RDF 图的工具平台，实际中针对关系型数据不需要将数据严格存储为 RDF 形式，而是通过 D2RQ 实现 SPARQL 到 SQL 的转换，但如果实际数据较大，则一般将关系型数据集转化为 RDF 形式并存储为 Jena 的 TDB，这样能够方便高效地进行查询。通过 D2RQ 实现关系型数据库到 RDF 形式的数据转换需要构建 mapping 文件，通过 mapping 文件定义数据库字段和 Protege 本体层数据相对应，从而能够实现数据的批量转换。转换后数据存储形式为 N-Triples 文件，N-Triples 是为了表示 RDF 的基于行的纯文本格式。转换中涉及的 D2RQ 命令行如下：

.\generate-mapping -u root -p 123 -o lsy.ttl jdbc:mysql:///heavy_metal?useSSL=false

.\dump-rdf.bat -o mental.nt .\mental.ttl

通过 D2RQ 工具实现了关系数据库到 RDF 序列化文件的转换，接下来需要通过 Apache Jena 工具实现 RDF 数据的存储。Jena 工具中支持持久化存储 RDF 数据为 TDB 类型数据，即需要通过相关工具实现 RDF 数据到 TDB 数据的转换。Jena 工具相关模块以及内部集成相关工具实现数据的转换存储，通过 Jena 安装包进入 bat 目录，执行以下命令即可实现数据转存至 TDB 类型。

tdbloader.bat --loc D:\soft\Jena\tdb D:/soft/d2rq/d2rq-0.8.1/mental.nt

RDF 数据转换为 TDB 数据类型后，可以配置 Apache Fuseki 模块进行网页端的查看和检索。Apache Fuseki 是一个 SPARQL 服务，可以通过 Fuseki 实现基于 Web 对于知识库的查询等操作。通过网站下载 Fuseki 压缩包并进行解压后，点击 fuseki-server.bat，之后可以通过本地 3030 端口进入 Fuseki 服务界面，通过页面导入本体 TDB 数据，即可通过 SPARQL 进行相关查询等操作。

（2）Ontop 实现数据存储与 SparQL 查询。Ontop 和 D2RQ 都可以把关系数据库转为虚拟 RDF，Ontop 作为当前主流的虚拟知识图谱系统运用广泛。Ontop 作为一个虚拟的知识图形系统能将任意关系数据库的内容转换为知识图谱，这个图谱只是位于数据库上的一种虚拟的知识图谱形式。Ontop 将通过知识图谱表示的 SPARQL 查询转换为关系数据源执行的 SQL 查询，Ontop 依赖于 R2RML 映射。

10.3　知识图谱的重金属知识问答

知识问答是人工智能自然语言领域重要的研究方向，目前基于知识图谱的知识库问答（Knowledge Base Question Answering，KBQA）是该领域的研究热门。在知识图谱问答领域目前主要面临两个方面的挑战：首先是知识图谱的自动化构建挑战，其次是问句到查询语句（SPARQL）的转换对应。本章基于农田重金属数据构建了基于 Jena 的知识图谱，但实际中仍然面对问句理解和答案推理两个方面的挑战。

10.3.1　问句理解

问答系统中对于问句的理解是查询的关键，问句作为系统接收的查询命令，需要系统根据查询问句构建查询语句以此获得最准确的查询结果。问句理解任务中需要解决问句中实体识别和属性链接问题，其中实体识别即识别问句的主体，例如在用户查询问句"东西湖区的主要重金属污染物是什么"中，其问句的实体是东西湖区，目标属性为"重金属污染物"，因此通过用户查询问句进行相关处理获得问句实体和目标属性是构建 SQL 语句的关键。

（1）问句实体识别。问句实体识别是识别问句中的一般人名、地名、组织结构和专有名字等，识别方法主要可以通过基于规则和词典的方法与基于神经网络的方法进行。其中基于规则和词典的方法主要通过人工进行大规模的数据统计，通过选用多种特征构造规则模板，例如手工构建实体词表，实际中通过问句匹配词表筛选实体。问句实体识别中基于神经网络的模型主要依靠深度学习进行预训练，然后利用已经得到的模型对问句进行处理得到问句实体词汇，从而确定问句实体。实际中较多采用的方法是基于词表和 BiLstm-CRF 这类混合模型进行问句实体识别。

（2）属性链接。属性链接是需要链接问句实体的属性，一般一个完整的问句包含一个问句主体和基于主体的属性。属性链接中的常用方法包括两类：第一类方法是将问句中所有的关键词都作为问句主体的目标属性，第二类方法则是通过 CNN 等多分类模型来预测问句的目标属性。

10.3.2　答案推理

问句的实体和目标属性得到之后需要将其转换为 SPARQL 查询语句，SPARQL 查询语句作为图谱中的查询语言，在 Jena 中执行 SPARQL 就能得到最终问句的答案。目前答案推理的方法主要包括基于规则的答案推理和基于表示学习的答案推理。

（1）基于规则的答案推理。在输入的自然语言问题中进行匹配查找，如果找到我们预先设定的词或词性组合，那么就认为该问题与这个词或词性组合匹配。基于规则的推理往往只能够处理较为简单的问句类型，对于复杂的问句则无能为力。基于规则的答案推理一般可以采用 Python 工具 REfO 进行。

（2）基于表示学习的答案推理。基于表示学习的答案推理则通过表示学习的方法实现答案推理。实际中一般可以采用 TranE 等算法进行最佳答案的匹配。

10.4　本章小结

知识问答的本质是赋予机器智能体对于知识的理解能力，实现机器类人脑的知识存储、知识总结推理和知识输出，基于知识图谱的农业重金属知识问答是通过构建农业重金属专业知识图谱实现的垂直领域自动知识问答功能。本章基于农田重金属数据构建了简单的知识图谱问答系统、探索了农业重金属防治中知识图谱技术的运用潜力，本章首先介绍了重金属知识图谱的构建过程，主要包括数据预处理、本体层设计和实体层构建以及 Jena 的数据存储，然后概述了基于问句至SPARQL 语言的问句理解和答案推理的方法。随着大规模图谱的出现，基于知识图谱的知识问答系统逐渐让问答系统具备了推理等众多知识能力，当前基于农业大数据构建农业知识图谱是实现农业智能化的有效途径之一。

参考文献

[1]　刘家玮,刘波,沈岳. 知识图谱在农业信息服务中的应用进展[J]. 软件,2015,36（3）：26-30.

[2]　Yubin Y, Wilson LT, Wang J. Reconciling field size distributions of the US NASS (National Agricultural Statistics Service) cropland data[J]. Computers and electronics in agriculture, 2014,109:232-246.

[3]　Mokotjo W, Kalusopa T. Evaluation of the agricultural information service (AIS)

in Lesotho[J]. International Journal of Information Management, 2010, 30(4): 350-356.

[4] 杨国才. 农业农村信息化云服务平台集成关键技术研究[D]. 重庆：西南大学，2012.

[5] 夏迎春. 基于知识图谱的农业知识服务系统研究[D]. 合肥：安徽农业大学，2018.

[6] 王昊奋，漆桂林，陈华钧. 知识图谱方法、实践与应用[M]. 北京：电子工业出版社. 2019.

[7] Kolomiyets O, Moens MF. A survey on question answering technology from an information retrieval perspective[J]. Information Sciences, 2011, 181(24): 5412-5434.

[8] 刘峤，李杨，段宏，等. 知识图谱构建技术综述[J]. 计算机研究与发展，2016，53（3）：582-600.

[9] Olivier B. The unified medical language system (UMLS): integrating biomedical terminology[J]. Nucleic acids research, 2004 32(Database issue): D267-70.

[10] Noy NF, Fergerson RW, Musen MA. The knowledge model of Protege-2000: Combining interoperability and flexibility[C]. International Conference on Knowledge Engineering and Knowledge Management 2000 Oct 2 (pp. 17-32). Springer, Berlin, Heidelberg.

[11] Mcbride B. Jena: A semantic web toolkit[J]. IEEE Internet computing, 2002, 6(6): 55-59.

[12] Xiao G , Lanti D , Kontchakov R , et al. The Virtual Knowledge Graph System Ontop[M]. Berlin: Springer, 2020.

[13] Diego C, Cogrel B, Komla-Ebri S, et al. Ontop: Answering SPARQL queries over relational databases[J]. Semantic Web, 2017, 8(3): 471-487.

附录 A 农田重金属

农田重金属附录主要包括《土壤环境质量农用地土壤污染风险管控标准（试行）》相关量化表和《武汉市周边农田重金属实测数据》样例数据表。

A-1 《土壤环境质量农用地土壤污染风险管控标准（试行）》

相关量化表

表 A-1-1 农用地土壤污染风险筛选值（基本项目）　　　单位：mg/kg

序号	污染物项目 [a, b]		风险筛查值			
			pH≤5.5	5.5＜pH≤6.5	6.5＜pH≤7.5	pH＞7.5
1	镉	水田	0.3	0.4	0.6	0.8
		其他	0.3	0.3	0.3	0.6
2	汞	水田	0.5	0.5	0.6	1.0
		其他	1.3	1.8	2.4	3.4
3	砷	水田	30	30	25	20
		其他	40	40	30	25
4	铅	水田	80	100	140	240
		其他	70	90	120	170
5	铬	水田	250	250	300	350
		其他	150	150	200	250

续表

序号	污染物项目 a. b		风险筛查值			
			pH≤5.5	5.5<pH≤6.5	6.5<pH≤7.5	pH>7.5
6	铜	果园	150	150	200	200
		其他	50	50	100	100
7	镍		60	70	100	190
8	锌		200	200	250	300

a 重金属和类金属砷均按元素总量计。

b 对于水旱轮作地，采用其中较严格的风险筛选值。

表 A-1-2　农用地土壤污染风险筛选值（其他项目）　　　单位：mg/kg

序号	污染物项目	风险筛选值
1	六六六总量 a	0.10
2	滴滴涕总量 b	0.10
3	苯并[a]芘	0.55

a 六六六总量为α-六六六、β-六六六、γ-六六六、δ-六六六四种异构体的含量总和。

b 滴滴涕总量为 p,p'-滴滴伊、p,p'-滴滴滴、o,p'-滴滴涕、p,p'-滴滴涕四种衍生物的含量总和。

表 A-1-3　农用地土壤污染风险管制值　　　单位：mg/kg

序号	污染物项目	风险管制值			
		pH≤5.5	5.5<pH≤6.5	6.5<pH≤7.5	pH>7.5
1	镉	1.5	2.0	3.0	4.0
2	汞	2.0	2.5	4.0	6.0
3	砷	200	150	120	100
4	铅	400	500	700	1000
5	铬	800	850	1000	1300

A–2 《武汉市周边农田重金属实测数据》样例数据表

表 A-2-1 采样信息集合样例（50 样例）

编号	分区数量统计	省名	地市名	县（区、市）	乡镇名	村名	经度/°	纬度/°	海拔/m	作物类型
1	1	湖北省	武汉市	江夏区			114.125128	30.209130	13.0	水稻
2	2	湖北省	武汉市	江夏区			114.199392	30.379388	24.0	莲藕
3	3	湖北省	武汉市	江夏区			114.197374	30.358066	38.0	蔬菜
4	4	湖北省	武汉市	江夏区			114.142376	30.278761	23.0	油菜
5	5	湖北省	武汉市	江夏区			114.126033	30.238881	23.0	黄豆
6	6	湖北省	武汉市	江夏区			114.159682	30.252440	18.0	水稻
7	7	湖北省	武汉市	江夏区			114.163004	30.284039	32.0	棉花
8	8	湖北省	武汉市	江夏区			114.173889	30.334137	36.0	莲藕
9	9	湖北省	武汉市	江夏区			114.175968	30.204277	15.0	水稻
10	10	湖北省	武汉市	江夏区			114.154151	30.201577	15.0	油菜
11	11	湖北省	武汉市	江夏区			114.042065	30.203512	17.0	莲藕
12	12	湖北省	武汉市	江夏区			114.163108	30.157254	20.0	蔬菜
13	13	湖北省	武汉市	江夏区			114.225439	30.161762	31.0	油菜
14	14	湖北省	武汉市	江夏区			114.276885	30.155807	29.0	油菜
15	15	湖北省	武汉市	江夏区			114.245265	30.183754	38.0	玉米
16	16	湖北省	武汉市	江夏区			114.230150	30.188490	33.0	玉米
17	17	湖北省	武汉市	江夏区			114.272543	30.192527	44.0	蔬菜
18	18	湖北省	武汉市	江夏区			114.239576	30.283536	26.0	花生
19	19	湖北省	武汉市	江夏区			114.266180	30.335311	40.0	玉米
20	20	湖北省	武汉市	江夏区			114.228973	30.356117	54.0	蔬菜
21	21	湖北省	武汉市	江夏区			114.209322	30.338312	33.0	莲藕
22	22	湖北省	武汉市	江夏区			114.100110	30.230618	11.0	水稻
23	23	湖北省	武汉市	江夏区			114.217796	30.328467	27.0	水稻

续表

编号	分区数量统计	省名	地市名	县（区、市）	乡镇名	村名	经度/°	纬度/°	海拔/m	作物类型
24	24	湖北省	武汉市	江夏区			114.304814	30.317937	45.0	蔬菜
25	25	湖北省	武汉市	江夏区			114.310446	30.294222	53.0	蔬菜
26	26	湖北省	武汉市	江夏区			114.308718	30.261530	56.0	棉花
27	27	湖北省	武汉市	江夏区			114.294085	30.243354	33.0	蔬菜
28	28	湖北省	武汉市	江夏区			114.272972	30.213715	33.0	花生
29	29	湖北省	武汉市	江夏区			114.282992	30.368491	49.0	蔬菜
30	30	湖北省	武汉市	江夏区			114.319813	30.219886	43.0	蔬菜
31	31	湖北省	武汉市	江夏区			114.181980	30.190647	20.0	水稻
32	32	湖北省	武汉市	江夏区			114.107846	30.263713	11.0	水稻
33	33	湖北省	武汉市	江夏区			114.188343	30.191914	19.0	水稻
34	34	湖北省	武汉市	江夏区			114.097005	30.274192	18.0	水稻
35	35	湖北省	武汉市	江夏区			114.220438	30.246999	27.0	玉米
36	36	湖北省	武汉市	江夏区			114.237864	30.224487	24.0	蔬菜
37	37	湖北省	武汉市	江夏区			114.254210	30.236958	23.0	水稻
38	38	湖北省	武汉市	江夏区			114.269023	30.233380	42.0	油菜
39	39	湖北省	武汉市	江夏区			114.296746	30.225131	42.0	花生
40	40	湖北省	武汉市	江夏区			114.427204	30.354505	26.0	油菜
41	41	湖北省	武汉市	江夏区			114.366311	30.101373	22.0	水稻
42	42	湖北省	武汉市	江夏区			114.371544	30.170808	36.0	油菜
43	43	湖北省	武汉市	江夏区			114.330695	30.202570	28.0	水稻
44	44	湖北省	武汉市	江夏区			114.481059	30.205433	23.0	橘子
45	45	湖北省	武汉市	江夏区			114.512384	30.203381	20.0	油菜
46	46	湖北省	武汉市	江夏区			114.348055	30.277667	26.0	小麦
47	47	湖北省	武汉市	江夏区			114.560619	30.295438	28.0	油菜
48	48	湖北省	武汉市	江夏区			114.515748	30.302406	30.0	玉米
49	49	湖北省	武汉市	江夏区			114.474945	30.318092	28.0	油菜
50	50	湖北省	武汉市	江夏区			114.459204	30.264878	26.0	水稻

A-2-2　采样数据样例（50 样例）　　　　单位：mg/kg

测试编号	As	Cd	Cr	Cu	Ni	Pb	Zn	Hg
1	14.72	0.88	155.17	46.39	61.00	40.96	169.26	0.21
2	13.01	0.48	74.12	19.35	28.03	28.11	81.93	0.25
3	10.85	0.16	80.09	32.46	31.34	28.62	69.98	0.23
4	9.73	0.40	80.99	29.65	25.25	23.82	61.47	0.23
5	12.33	0.63	119.46	43.68	45.26	33.12	113.31	0.26
6	10.84	0.14	29.84	17.60	26.56	27.54	55.90	0.33
7	10.22	0.24	109.75	11.33	22.03	25.72	57.23	0.35
8	9.67	0.08	65.98	26.51	25.72	32.98	59.66	0.33
9	10.23	0.64	122.42	34.83	46.23	34.91	105.78	0.21
10	13.22	0.56	97.78	24.58	45.55	36.63	115.04	0.22
11	14.77	0.71	132.29	12.58	54.43	36.39	119.54	0.26
12	9.98	0.16	86.66	22.65	18.38	26.53	68.44	0.24
13	11.03	0.08	65.29	11.71	24.66	20.25	58.38	0.26
14	11.48	0.47	99.97	23.69	11.73	25.02	66.02	0.31
15	12.48	0.32	21.65	11.97	22.27	24.43	66.09	0.31
16	12.00	0.24	83.41	10.36	24.71	21.84	56.90	0.31
17	9.42	0.16	18.26	15.17	12.65	23.41	45.52	0.31
18	12.84	0.40	50.59	40.54	23.83	25.97	65.87	0.33
19	12.15	0.32	39.66	36.12	23.39	24.03	47.66	0.28
20	10.92	0.24	18.34	22.37	25.94	23.64	65.83	0.23
21	9.71	0.08	26.60	37.51	19.08	19.73	49.58	0.27
22	11.60	0.57	67.60	45.28	50.21	31.21	107.22	0.32
23	10.01	0.16	15.08	10.40	14.46	19.79	37.43	0.32
24	13.55	0.40	72.42	41.46	28.09	30.00	87.05	0.34
25	11.73	0.32	64.02	11.49	25.46	25.46	58.91	0.28
26	13.10	0.39	68.69	27.98	28.53	23.34	55.18	0.21

测试编号	As	Cd	Cr	Cu	Ni	Pb	Zn	Hg
27	13.92	0.31	130.56	21.83	34.47	20.18	50.73	0.13
28	14.66	0.24	85.44	25.22	36.13	20.95	70.05	0.21
29	11.12	0.16	113.34	9.95	34.52	19.99	41.34	0.25
30	15.41	0.16	93.15	18.96	36.55	22.69	64.59	0.26
31	16.16	0.08	90.70	3.48	38.14	23.97	47.77	0.29
32	18.98	0.24	133.25	56.68	60.24	31.94	120.72	0.21
33	15.06	0.48	87.89	26.62	54.20	30.21	101.79	0.30
34	13.48	0.56	125.80	33.90	57.68	29.81	124.20	0.30
35	13.00	0.16	71.21	14.55	32.03	28.40	65.57	0.26
36	10.58	0.16	70.52	6.86	20.98	20.90	58.54	0.22
37	10.36	0.07	55.98	36.51	24.26	21.00	28.55	0.21
38	13.86	0.05	70.53	15.16	40.37	20.18	52.89	0.24
39	16.31	0.08	87.95	16.57	41.28	20.76	71.35	0.25
40	9.46	0.08	32.67	15.65	20.47	18.57	31.13	0.31
41	12.04	0.03	70.59	18.98	26.41	20.92	43.54	0.13
42	10.04	0.16	82.14	8.39	26.21	21.26	34.05	0.16
43	10.38	0.08	68.07	27.63	26.36	19.35	26.60	0.20
44	13.08	0.03	60.95	11.78	32.40	22.05	51.69	0.18
45	9.86	0.04	60.54	4.99	31.94	19.73	56.19	0.19
46	9.48	0.03	71.08	6.88	21.36	18.80	29.52	0.23
47	12.30	0.16	101.88	19.61	22.24	21.76	35.26	0.19
48	12.11	0.32	59.10	16.11	21.66	21.03	42.13	0.21
49	15.67	0.08	97.29	18.22	32.74	21.52	58.26	0.15
50	16.41	0.03	68.06	22.93	33.85	31.02	67.39	0.19

附录 B　数学基础

数学基础附录主要包括高等数学、矩阵论、概率论和数学优化的主要核心概念及定义。

B-1　线性代数

B-1-1　范数

范数（Norm）常常被用来度量某个向量空间（或矩阵）中的每个向量的长度或大小，假设存在 N 维向量 v。

l_1 范数定义为向量的各个元素绝对值之和。

$$\|v\|_1 = \sum_{n=1}^{N} |v_n|$$

l_2 范数定义为向量的各个元素的平方和再开平方。

$$\|v\|_2 = \sqrt{\sum_{n=1}^{N} v_n^2} = \sqrt{v^{\mathrm{T}} v}$$

l_p 范数定义为下式，其中 $p \geqslant 0$。

$$\|v\|_p = \sqrt[p]{\sum_{n=1}^{N} |v_n|^p}$$

l_∞ 范数定义为

$$\|v\|_\infty = \max\{v_1, v_2, ..., v_N\}$$

B-1-2　矩阵操作

（1）矩阵加法。假设存在矩阵 A 和 B，且都为 $m \times n$ 矩阵，A 和 B 矩阵的加

也是 $m{\times}n$ 矩阵。

$$[A + B]_{mn} = A_{mn} + B_{mn}$$
$$A + B = B + A$$
$$(A + B) + C = A + (B + C)$$
$$C(A + B) = CA + CB$$

（2）矩阵乘积。矩阵本质是线性映射，则定义两个矩阵 A（$R^k{\to}R^m$）和 B（$R^n{\to}R^k$），则矩阵 A 和矩阵 B 的乘积定义如下：

$$[AB]_{mn} = \sum_{k=1}^{K} a_{mk}b_{kn}$$

矩阵乘法结合律和分配率如下：

$$(AB)C = A(BC)$$
$$(A + B)C = AC + BC$$
$$C(A + B) = CA + CB$$

（3）矩阵转置。$m{\times}n$ 的矩阵 A 的转置矩阵为 $n{\times}m$ 大小矩阵 A^{T}

$$[A]_{nm} = [A^{\mathrm{T}}]_{mn}$$

B-1-3　特征值和特征向量

假设 A 为 n 阶矩阵，若 λ 和 n 维非 0 列向量 x 满足

$$Ax = \lambda x \Rightarrow Ax = \lambda Ex \Rightarrow (\lambda E - A)x = 0$$

则称 λ 为矩阵 A 的特征值，x 为矩阵 A 对应特征 λ 的特征向量。（如果把矩阵看作运动，对于运动而言最重要的是运动的速度和方向，则特征值 λ 即可视为运动的速度，特征向量 x 为运动的方向。）

B-1-4　矩阵分解

奇异值分解（Singular Value Decomposition，SVD）。假设存在均值 $A{=}(a_{ij})$，且 $\sigma_1 \geqslant \sigma_2 \geqslant ... \geqslant \sigma_r$，则存在 m 阶和 n 阶酉矩阵 U 和 V 满足

$$A = UDV^*, D = \mathrm{diag}\{\sigma_1,...,\sigma_r,0,...,0\}$$

则称 $\sigma_1,...,\sigma_r$ 为奇异值。

谱分解（Spectral Decomposition，SD）。假设 A 为一个 n 阶可对角化矩阵，A 的谱为 $\sigma(A)=\{\lambda_1, \lambda_2,..., \lambda_s\}$，$\lambda_s$ 的重数为 k_s，则存在唯一一组 s 个 n 阶方阵 $P_1, P_2,..., P_s$ 满足以下公式。

$$A = \sum_{i=1}^{s} \lambda_i P_i$$

$$P_i^2 = P_i$$

$$P_i P_j = 0 (i \neq j)$$

$$\sum_{i=1}^{s} P_i = I$$

$$r(P_i) = k_i$$

B-2 数值计算及数学分析

B-2-1 泰勒公式

泰勒公式（Taylor's Formula）定义为函数 $f(x)$ 某点函数值和其导数之间的数值关系，$f(x)$ 在点 a 处的 n 阶泰勒展开式如下：

$$f(x) = f(a) + \frac{1}{1!} f(a)'(x-a) + \frac{1}{2!} f^{(2)}(a)(x-a)^2 + ... + \frac{1}{n!} f^{(n)}(a)(x-a)^n + R_n(x)$$

B-2-2 拉格朗日乘数法和 KKT 条件

约束条件问题求解示意如图 B-2-1 所示。

图 B-2-1 约束条件问题求解

拉格朗日乘数法（Lagrange Multiplier）是一种求解含约束的最优化问题的方法，最优化问题定义为在一个或多个条件下某个多元函数的极值。拉格朗日乘数法基本思想就是通过引入拉格朗日乘子来将含有 n 个变量和 k 个约束条件的约束优化问题转化为含有（$n+k$）个变量的无约束优化问题。

针对等式约束问题。定义 $f(x)$ 为在 $h_m(x)=0$ 的条件下的极值，首先构造拉格朗日函数 $\Lambda(x,\lambda)$，λ 为拉格朗日乘数，$h_m(x)$ 为约束条件。

$$\Lambda(x,\lambda) = f(x) + \sum_{m=1}^{M} \lambda_m h_m(x)$$

针对拉格朗日 $\Lambda(x,\lambda)$ 函数中 x 和 λ，分别求得一阶偏导数并赋值为 0，求得 x 和 λ 值。

$$\frac{\partial \Lambda(x,\lambda)}{\partial \mathrm{x}} = 0$$

$$\frac{\partial \Lambda(x,\lambda)}{\partial \lambda} = 0$$

解得 x 和 λ 值即为可能极值点。

针对不等式约束问题。解决思路主要是将不等式约束条件变成等式约束条件，定义不等式约束问题为

$$\min f(x)$$
$$s.t. g_i(x) \leqslant 0 (j = 1, 2, ..., m)$$
$$h_k(x) = 0 (k = 1, 2, ..., l)$$

则有不等式约束下的拉格朗日函数

$$\Lambda(x,\lambda,\mu) = f(x) + \sum_{j=1}^{p} \lambda_j h_j(x) + \sum_{k=1}^{q} u_k g_k(x)$$

式中 $f(x)$ 为原目标函数，$h_j(x)$ 为第 j 个等式约束条件，$g_k(x)$ 为不等式约束条件。

KKT 条件为

$$\frac{\partial \Lambda(x,\lambda,\mu)}{\partial x}\Big|_{x=x^*} = 0,$$
$$\lambda_j \neq 0,$$
$$u_k \geqslant 0,$$

$$u_k g_k(x^*) = 0$$
$$h_j(x^*) = 0, j = 1, 2, ..., p$$
$$g_k(x^*) \leqslant 0, k = 1, 2, ..., q$$

对于一般的任意问题而言，KKT 条件是使一组解成为最优解的必要条件，当原问题是凸问题时，KKT 条件也是充分条件。

根据拉格朗日乘数法，求解 KKT 方程组得最优解。

B-2-3　最小二乘法

最小二乘法（Least squares）是一种数学优化技术，通过最小化误差的平方和寻找数据的最佳函数匹配。假设存在样本 $D = \{(x_1, y_1), (x_2, x_3), ..., (x_m, y_m)\}$，若实际中需要用 $f(x) = \theta_0 + \theta_1 x$ 函数进行拟合，则采用最小二乘法目标函数

$$J(\theta_0, \theta_1) = \sum_{i=1} \min(y(i) - \theta_0 - \theta_1 x(i))^2$$

上式目标函数求解参数可以采用代数法和矩阵法。

B-2-4　特殊函数

Sigmoid 函数（图 B-2-2）表达式为

$$y = \frac{1}{1 + e^{-x}}$$

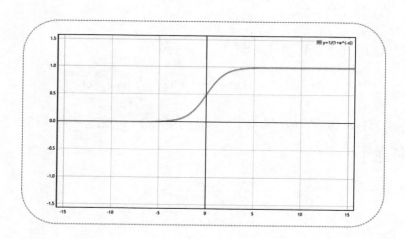

图 B-2-2　Sigmoid 函数

Relu 函数（图 B-2-3）表达式为

$$f(x) = \max(0, x)$$

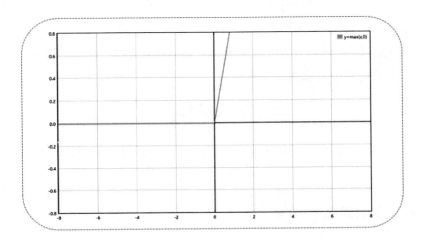

图 B-2-3　Relu 函数

tanh 函数（图 B-2-4）表达式为

$$y = \frac{2}{1 + e^{-2x}} - 1 = 2\mathrm{sigmoid}(2x) - 1$$

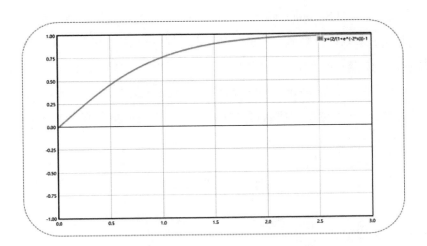

图 B-2-4　tanh 函数

B-2-5　凸优化

凸优化问题（Convex Optimization Problem，OPT）指定义在凸集中的凸函数最优化的问题。

凸函数定义：凸函数是一个定义在某个向量空间的凸子集 C 上的实值函数 f，而且对于凸子集 C 中任意两个向量满足

$$f(\frac{x_1 + x_2}{2}) \leqslant \frac{f(x_1) + f(x_2)}{2}$$

凸集定义：C 是凸集，对于任意的 $x, y \in C$ 且 $\theta \in R$，$0 \leqslant \theta \leqslant 1$，下式恒成立。

$$\theta x + (1 - \theta) y \in C$$

B-2-6　交叉验证

交叉验证（Cross-validation）是在机器学习建立模型和验证模型参数时常用的方法。

简单交叉验证：将原始训练数据随机分为训练集和验证集，训练集训练模型后在测试集上验证模型参数，之后打乱样本再进行训练集和验证集的划分，继续训练模型，最后选择最优模型。

S 折交叉验证（S-Folder Cross Validation）：将原始数据分成 k 组（一般是均分），将 k 个子集数据分别做一次验证集，其余的 $k-1$ 组子集数据作为训练集，这样会得到 k 个模型，若干轮（小于 k）之后，选择损失函数评估最优的模型和参数。

留一交叉验证（Leave-one-out Cross Validation）：主要在数据缺乏情况下使用，假设原始数据有 n 个样本，那么每个样本单独作为验证集，其余的 $n-1$ 个样本作为训练集。

B-3　概率论

B-3-1　边缘分布

边缘分布（Marginal Distribution）定义假设存在二维离散随机变量 (X, Y)，

且 X 和 Y 的取值空间为 Φ_x 和 Φ_y，则随机变量 X 的边缘概率分布为

$$p(x) = \sum_{y \in \Phi_y} p(x, y)$$

则随机变量 Y 的边缘概率分布为

$$p(y) = \sum_{x \in \Phi_x} p(x, y)$$

假设存在 X 和 Y 为连续随机变量，则随机变量 X 的边缘概率分布为

$$p(x) = \int_{-\infty}^{+\infty} p(x, y)$$

则随机变量 Y 的边缘概率分布为

$$p(y) = \int_{-\infty}^{+\infty} p(x, y)$$

B-3-2　条件概率分布

条件概率分布（Conditional Probability）定义随机变量 Y 在随机变量 X 已知的条件下的概率分布。

$$p(y \mid x) = \frac{p(x, y)}{p(x)}$$

B-3-3　全概率公式

全概率公式定义事件 $\{L_1, L_2, .., L_n\}$ 是一个完备事件组，则对于任意一个事件 C 满足

$$p(C) = p(L_1)p(C \mid L_1)......p(L_n)p(C \mid L_n) = \sum_{i=1}^{n} p(L_i)p(C \mid L_i)$$

B-3-4　贝叶斯定理

贝叶斯定理（Bayes' Theorem）或贝叶斯公式定义条件概率之间满足

$$p(y\,|\,x) = \frac{p(x\,|\,y)p(y)}{p(x)}$$

B-3-5　大数定律

大数定律（Law of Large Numbers）定义 N 个独立同分布样本 $X_1, X_2, ..., X_N$，当 N 趋近无穷时，则其均值收敛于期望均值 $E[X_1] = ... = E[X_N] = \mu$。

$$\tilde{X}_N = \frac{1}{N}(X_1 + ... + X_N) \to \mu$$

B-3-6　高斯过程

高斯过程（Gaussian Process，GP）定义为一系列服从正态分布的随机变量在一指数集（index set）内的组合，正态分布定义为

$$p(x) = \frac{1}{\sqrt{2\pi}\sigma}\exp\left(-\frac{(x-\mu)^2}{2\sigma^2}\right)$$

B-3-7　马尔可夫过程

马尔可夫过程（Markov process）是一类随机过程，定义随机过程 $\{X(t), t \in T\}$ 满足马尔可夫性，则称为马尔可夫过程，马尔可夫性质（Markov Property）是指一个随机过程在给定现在状态及所有过去状态的情况下，其未来状态的条件概率分布仅依赖于当前状态。

$$p(x_{t+1}\,|\,x_t, x_{t-1}, ..., x_0) = p(x_{t+1}\,|\,x_t)$$

B-3-8　Jensen 不等式

假设存在一个凸函数 $g(x)$，则随机变量 X 满足 Jensen 不等式，当且仅当 X 为一个常数或 $g(x)$ 为线性时成立。

$$g[E(X)] \leq E[g(X)]$$

附录 C　学习资源

学习资源附录主要整理优质人工智能系列图书、互联网优质资源和视频教程资源以供读者参考。

表 C-1　书籍资源

序号	书籍资源
1	周志华《机器学习》
2	李航《统计学习方法》（第二版）
3	Ian Goodfellow 等《深度学习》（中译本）
4	周志华《集成学习基础与算法》
5	杨强等《迁移学习》
6	杨强等《联邦学习》

表 C-2　视频课程资源

序号	视频课程资源
1	吴恩达机器学习课程
2	李宏毅相关视频教程
3	林轩田《机器学习基石》和《机器学习技法》
4	张志华《机器学习导论》和《统计机器学习》
5	徐亦达《概率机器学习视频》

表 C-3　Web 相关资源

序号	Web 相关资源
1	徐亦达 GitHub（https://github.com/roboticcam/machine-learning-notes）
2	awesome-deep-learning（https://github.com/ChristosChristofidis/awesome-deep-learning）
3	机器之心（https://www.jiqizhixin.com/）
4	专知（https://www.zhuanzhi.ai/）
5	雷锋网（https://www.leiphone.com/）